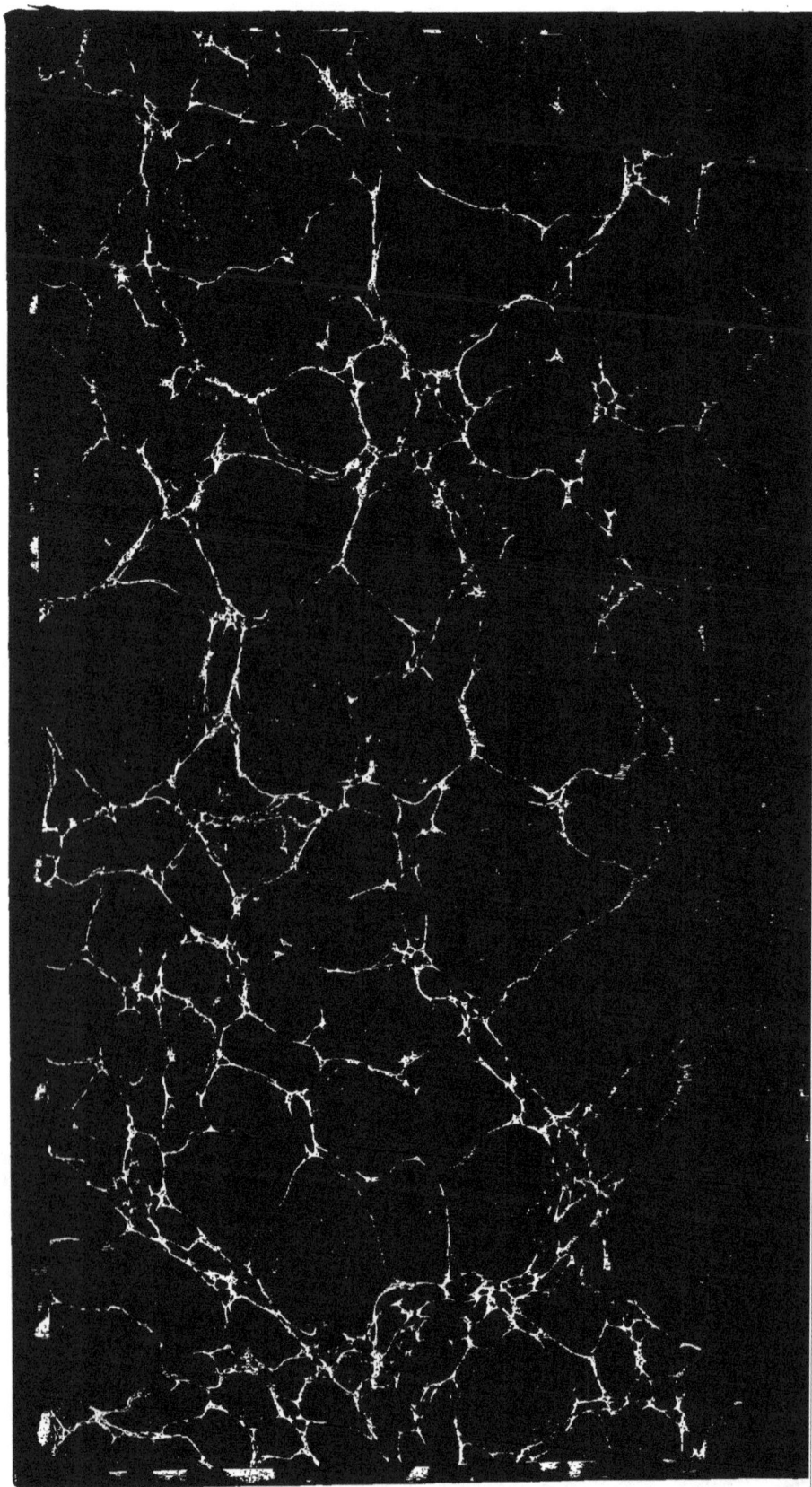

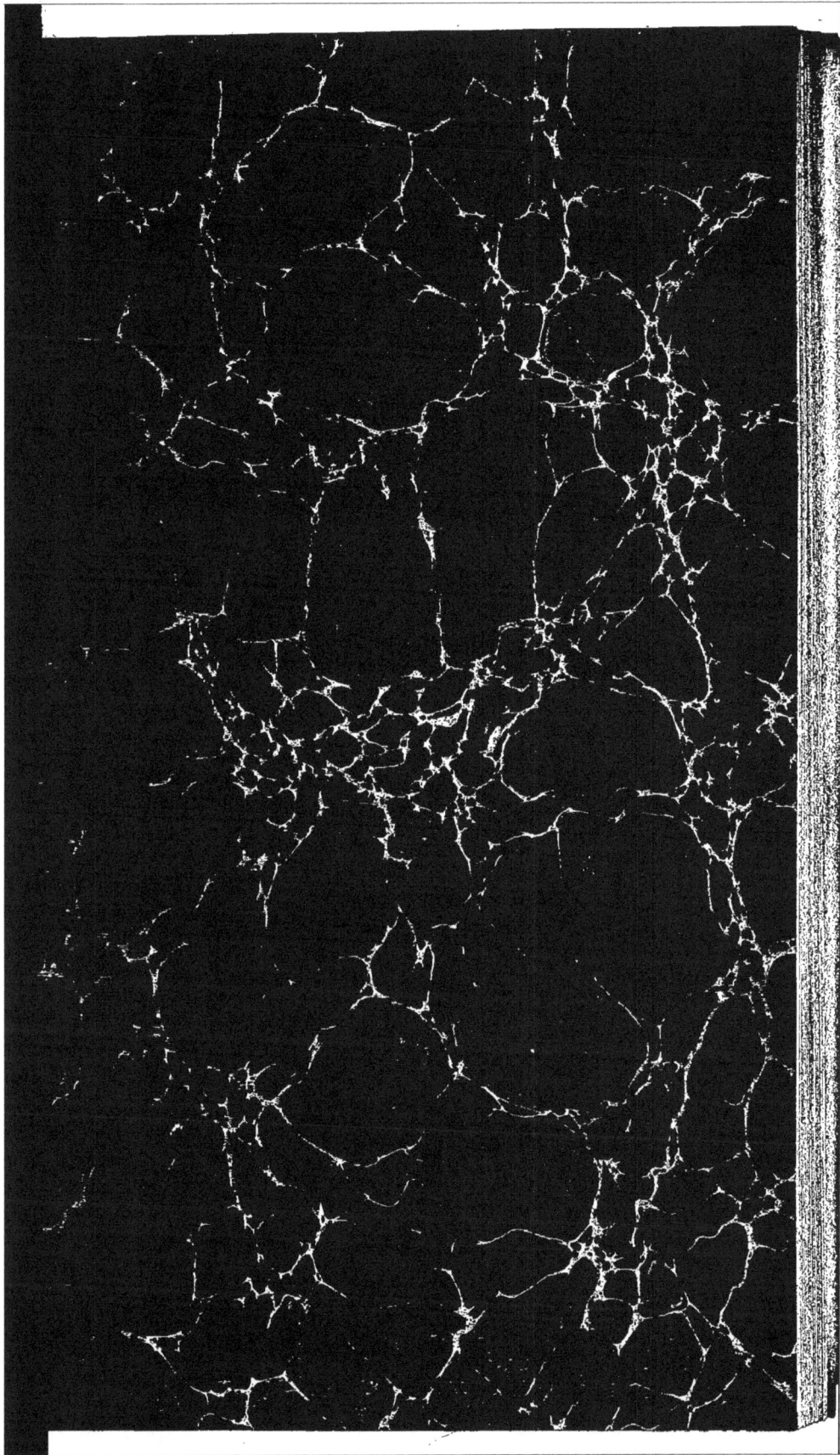

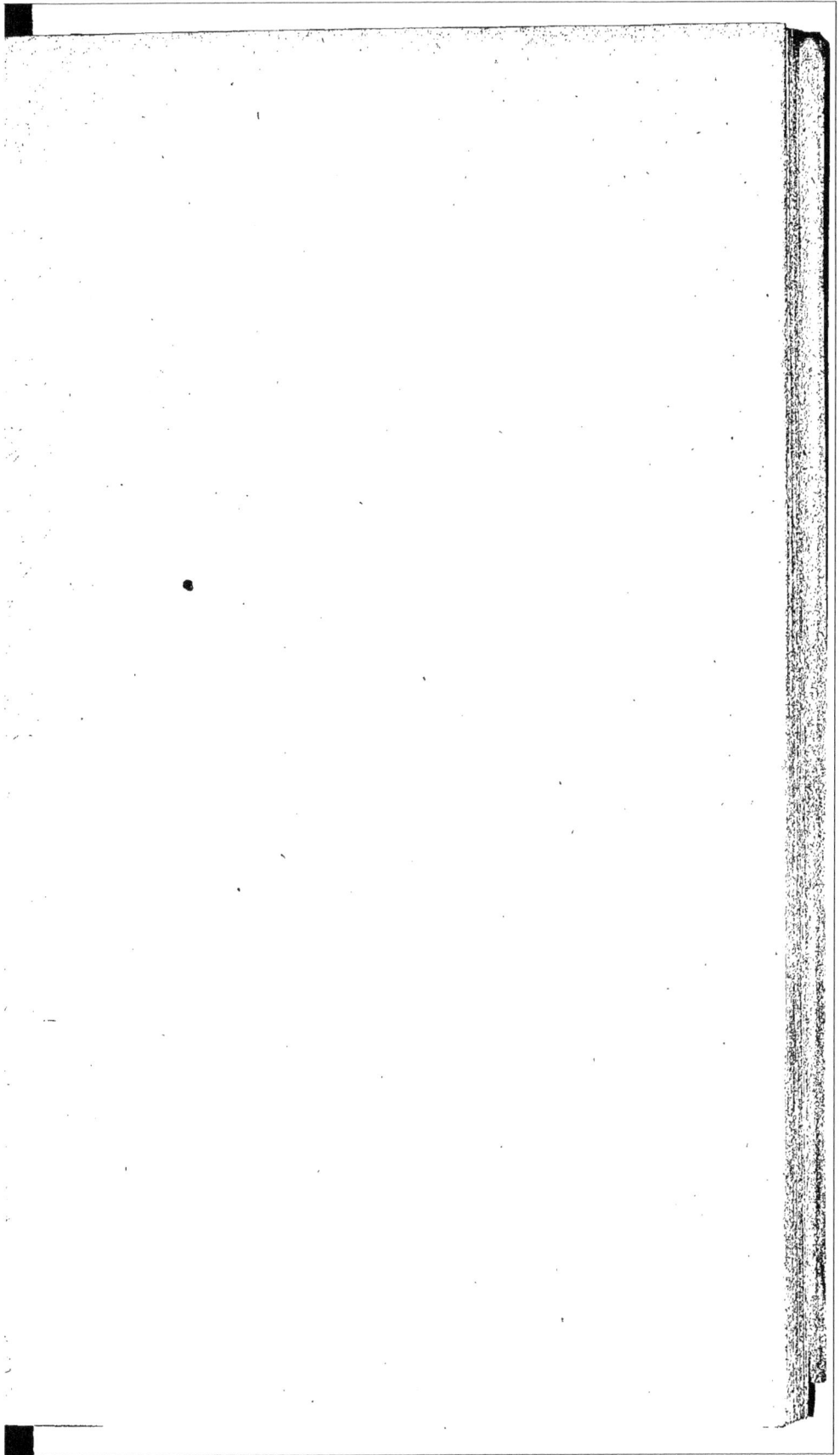

31975

GÉOMÉTRIE

DES

ÉCOLES PRIMAIRES.

OUVRAGES DU MÊME AUTEUR.

ARITHMÉTIQUE des Écoles primaires ; prix : $0^f,40$.

ARITHMÉTIQUE appliquée aux spéculations commerciales et in-dustrielles, par J.-L. Woisard ; 2e. édition, revue et aug-mentée notamment de notions élémentaires d'algèbre, par C.-L. Bergery ; prix : $3^f,25$.

GÉOMÉTRIE appliquée à l'industrie, à l'usage des artistes et des ouvriers, 2e. édition ; prix : $6^f,00$.

GÉOMÉTRIE des courbes appliquée à l'industrie, à l'usage des artistes et des ouvriers ; prix : $4^f,00$.

ÉCONOMIE INDUSTRIELLE, Économie de l'ouvrier ; prix : $0^f,75$. Économie du fabricant, 1re partie ; prix : $0^f,75$.

Ce dernier ouvrage sera complété prochainement par la 2e partie de l'Économie du fabricant ; prix : $0^f,75$.

L'Économie du commerçant ;   prix : $0^f,75$.

L'Économie du cultivateur ;   prix : $0^f,75$.

GÉOMÉTRIE

DES

ÉCOLES PRIMAIRES,

COMPRENANT

LE DESSIN LINÉAIRE, LES PROJECTIONS,
LE LEVER DES PLANS DE TERRAINS ET DE BATIMENS,
L'ARPENTAGE ET LE PARTAGE DES PROPRIÉTÉS ;

Par C. L. BERGERY,

ANCIEN ÉLÈVE DE L'ÉCOLE POLYTECHNIQUE, PROFESSEUR A L'ÉCOLE
D'ARTILLERIE DE METZ, MEMBRE DE L'ACADÉMIE ROYALE DE LA MÊME
VILLE ET DE PLUSIEURS AUTRES SOCIÉTÉS SAVANTES.

Se trouve chez tous les Libraires.

METZ,

IMPRIMERIE DE P. WITTERSHEIM, PLACE DE CHAMBRE.

1831.

LES INSTITUTEURS PRIMAIRES.

MES CHERS COLLÈGUES !

Vous remplissez dans l'état social une des plus belles fonctions du citoyen, celle de perfectionner l'homme en développant son intelligence ; mais la lecture, l'écriture et le calcul, que vous enseignez avec succès, ne sont plus des moyens suffisans, pour le degré de civilisation où la France est parvenue. Il faut y joindre l'enseignement de la Géométrie qui donne des connaissances toujours et partout utiles, fait naître ou étend un ordre d'idées extrêmement fécondes, et communique ainsi à l'esprit de l'homme une merveilleuse puissance.

Vous réussirez dans ce nouvel enseignement comme dans les autres, parce qu'il est tout aussi facile, parce que nous naissons tous plus ou moins géomètres, parce que l'instituteur qui sait vouloir, peut tout apprendre et tout enseigner. Les succès des Cours industriels sont d'ailleurs la garantie des vôtres.

C'est pour vous aider que j'ai rédigé et que je vous offre ce petit ouvrage. Vous y trouverez une géométrie plutôt pratique que théorique : la connaissance des faits de la science et les moyens d'en faire l'application, m'ont paru suffire à vos élèves. Néanmoins, je n'ai pas négligé de leur donner des exemples de raisonnemens géométriques, toutes les fois que j'ai pu le faire avec une grande simplicité.

J'avais à ne pas perdre de vue que les enfans qui fréquentent les écoles primaires, sont en général très-jeunes et destinés, pour la plupart, aux honorables travaux de l'agriculture. J'espère avoir réussi à élaguer tout ce qui aurait été, pour eux, compliqué, difficile et peu utile ; mais je crois qu'ils trouveront dans ce livre tout ce qu'il faut savoir pour faire, tant sur le terrain que sur le papier et sans aucun instrument cher, les opérations géométriques les plus usuelles et les plus importantes.

Si, contre mon attente, quelques articles renfermaient des difficultés trop grandes, même pour les bons calculateurs, ce serait vous, Messieurs, qui devriez rémédier à ce défaut de l'ouvrage, en formant deux classes de vos jeunes géomètres : il n'y aurait aucun inconvénient à réserver les points épineux pour la plus forte, ni même à les laisser entièrement de côté : mieux vaut savoir peu et bien, qu'apprendre beaucoup et mal. Soyez persuadés pourtant que toute idée, toute connaissance qui a pu entrer dans l'esprit d'un homme, peut, avec le temps et au moyen d'un nombre suffisant de répétitions, pénétrer aussi dans l'esprit le moins ouvert.

Courage, persévérance et devouement, voilà tout ce que je vous suppose en vous promettant un succès complet, et vous prouvez journellement qu'aucune de ces trois choses ne vous manque. Commencez donc avec confiance, et comptez sur la reconnaissance nationale : le jour ne peut être loin où elle vous donnera la juste récompense de votre pénible et noble tâche.

BERGERY.

INSTRUCTION

SUR

LE DESSIN LINÉAIRE.

Il est indubitable que des opérations géométriques dont on se borne à suivre la description dans un livre et même sur une figure, ne se gravent jamais dans l'esprit d'une manière durable. Pour parvenir à les retenir, à les exécuter sûrement et avec facilité, il faut absolument en faire soi-même tous les détails, et plusieurs fois plutôt qu'une seule. C'est d'ailleurs en répétant souvent et manuellement l'application d'un principe, qu'on se le rend propre et qu'on le met au nombre de ces idées familières qui se présentent en quelque sorte d'elles-mêmes dès que l'esprit en a besoin.

Les élèves d'un cours de Géométrie doivent donc, pour étudier cette science fructueusement, opérer sans cesse, comme font en arithmétique ceux qui veulent devenir habiles calculateurs. Jamais ils ne sauraient pratiquer la Géométrie ou en appliquer les principes, s'ils n'exécutaient pas eux-mêmes, sur le tableau noir et mieux encore sur le papier, tous les *tracés* qui leur seront enseignés.

L'exécution des tracés constitue ce qu'on est convenu d'appeler *le Dessin linéaire*. Ce genre de dessin est facile ; il faudrait même être bien malheureusement organisé pour n'y pas réussir dès les premiers essais. Toutefois, une courte instruction propre à guider les commençans, ne peut que rendre leurs succès plus prompts et plus certains.

Le tableau noir doit être solidement fixé sur un mur et avoir 2 mètres en longueur et 1^m,5o en largeur.

Fait en peuplier, il coûte à Metz, tout posé, 16^f.

Pour dessiner sur ce tableau, il faut :

Une règle longue de 1^m et large de 0^m,08 ; prix 1^f.

Une équerre de 0^m,2 sur 0^m,15 ; prix 1^f,5o.

Un compas en noyer long de 0^m,6o dont une branche soit terminée par une pointe en fer et l'autre par un porte-crayon du même métal ; prix 8^f.

Il faut en outre des crayons de craie tendre et une grosse éponge ou un linge pour effacer.

Les tracés faits sur le tableau sont d'autant moins inexacts ;

que les crayons sont plus fins ; mais à raison de ce que la craie tendre ne peut former une pointe à la fois solide et fine, il y a impossibilité de mettre une grande précision dans de tels dessins. Aussi doivent-ils être considérés seulement comme des exercices propres à bien faire saisir les tracés et à donner le moyen de les exécuter aisément, avec exactitude, sur le papier.

Lorsqu'on veut unir à la craie et en suivant la règle, deux points ou marques faites sur le tableau, on doit placer cette règle à la même distance de ces deux points et l'en tenir écartée autant que l'exige la grosseur du crayon.

Pour dessiner sur le papier, il faut :

Une règle en bois dur, de 15 pouces ; prix 50 centimes.

Une équerre en bois dur, de 8 pouces sur 4 pouces ; prix 50 centimes.

Un double décimètre de *Kutsch* ; prix 70 centimes.

Un tire-ligne ; prix 2^f. (Il peut être remplacé par une plume bien taillée en fin.)

Un compas à trois fins, de 4 pouces ; prix 5^f.

Un crayon de mine de plomb ; prix 20 centimes.

Un morceau de gomme élastique ; prix 10 centimes.

Un morceau d'encre de Chine ; prix 20 centimes.

Prenez une feuille de papier entière et ouvrez-la. Sur la page de gauche, vous écrirez les énoncés des tracés et vous les numéroterez ; sur la page de droite, vous ferez ces tracés et vous leur donnerez les mêmes numéros qu'aux énoncés correspondans. Rien autre chose que ces numéros ne doit être écrit sur le dessin.

Les tracés doivent être faits d'une telle dimension, que six au plus remplissent la page. Vous les exécuterez d'abord au crayon et légèrement ; puis, vous *mettrez à l'encre* en suivant exactement les traits du crayon ; enfin, vous effacerez avec la gomme élastique, les parties de ces traits que vous n'aurez pas dû couvrir d'encre.

C'est aussi en frottant le papier avec la gomme, qu'on le nettoie quand la feuille de dessin est terminée. Si cette gomme se trouve trop dure pour bien enlever le crayon ou les souillures, on l'amollit en la chauffant ou en la pétrissant entre les doigts.

Taillez le crayon en *langue de chat* pour qu'il casse moins souvent et qu'il produise des lignes très-fines.

Marquez légèrement, avec une pointe de compas, les points que vous devrez unir par un trait au crayon.

Pour préparer l'encre, vous mettrez dans une soucoupe

trois ou quatre gouttes d'eau et vous frotterez le morceau
d'encre de Chine sur le fond du vase, jusqu'au moment où
il formera un sillon qui permette d'apercevoir ce fond : alors
seulement l'encre sera suffisamment noire.

Vous mettrez l'encre entre les *lèvres* du tire-ligne, au
moyen d'une plume, après avoir desserré la vis qui unit ces
lèvres. Quand vous aurez mis trois ou quatre plumées
d'encre, vous resserrerez la vis et vous essaierez l'instrument sur un morceau de papier, pour voir si les lignes qu'il
tracera sont trop grosses ou trop fines.

Si un tire-ligne qui contient de l'encre et qui n'est pas
trop serré, vient à ne pouvoir plus marquer, il faut le passer légèrement sur le doigt, pour enlever l'encre sèche qui
se trouve à l'extrémité du bec.

Le grand tire-ligne doit être tenu presque d'applomb ;
vous le pencherez seulement un peu vers la droite, en l'ap-
puyant contre l'arête supérieur de la règle. Cette règle est
conséquemment placée à une petite distance du trait au
crayon qu'il s'agit de mettre à l'encre.

Le tire-ligne du compas doit en tournant avoir la même
position que l'autre. Vous aurez soin de ne pas trop ap-
puyer sur la *pointe sèche* qui reste fixe ; autrement vous
perceriez le papier.

Dès que vous n'aurez plus à vous servir d'un tire-ligne,
vous l'essuierez avec soin, en dedans, pour prévenir la
rouille. On peut toujours éviter de mettre de l'encre en dehors ; mais lorsqu'il y en a, il faut l'enlever, après l'avoir
mouillée un peu si elle est sèche.

Un dessin dépourvu d'explication doit se faire comprendre par lui-même. Pour qu'il en soit ainsi,

Les *lignes données*, droites ou courbes, sont très-fines
et continues, comme celle-ci ————————.

Les *lignes de résultat*, droites ou courbes, sont continues
et un peu moins fines, comme celle-ci ————————.

Les *lignes de construction*, c'est-à-dire toutes les autre,
sont très-fines et coupées par des intervalles, comme
celle-ci — — — —. Lorsqu'elles sont en grand nombre,
on distingue celles d'une opération de celles d'une autres,
en mettant un, deux, trois points dans les intervalles.
Ex. : —·—·—·—, —··—··—··—, —···—···—···—.
Les parties de ligne coupée doivent être à-peu-près égales
entre elles ; les intervalles blancs doivent être très-petits
et aussi à-peu-près égaux entre eux.

Il importe de s'exercer beaucoup au tracé de ces différentes sortes de lignes, soit avec le grand tire–ligne ou à la plume, soit avec le compas; c'est le seul moyen de parvenir promptement à dessiner vîte et bien.

On relève beaucoup un dessin quand on entoure la feuille d'un cadre composé de deux traits, l'un inté- rieur et fin, l'autre extérieur et fort large; mais l'exécu- tion d'un pareil cadre coûte beaucoup de temps, et mieux vaut s'en abstenir.

SIGNES D'ABRÉVIATION.

+ remplace le mot *plus.*

— remplace le mot *moins.*

= remplace le mot *égale.*

× remplace les mots *multiplié par.*

: remplace les mots *divisé par.*

(19) signifie qu'il faut relire tout le 19ᵉ article.

(P. II, F. 15) signifie qu'il faut avoir sous les yeux la 15ᵉ *figure* de la 2ᵉ *planche.*

GÉOMÉTRIE

DES

ÉCOLES PRIMAIRES.

La Géométrie enseigne à tracer des traits fins appelés *lignes* dont la forme et la position sont connues, à représenter exactement, sur un tableau, un *corps* quelconque, c'est-à-dire toute chose qu'on peut toucher, à comparer et à mesurer les corps, leurs faces et les lignes qui s'y trouvent.

LIGNE DROITE.

1. Une ligne est *droite* quand elle peut se confondre avec une des arêtes d'une bonne règle; elle est *courbe* lorsqu'elle ne le peut pas.

Rien ne paraît plus facile que de *tracer une ligne droite*. Il ne s'agit en effet que d'appliquer une règle sur une des faces d'un corps et de faire glisser un crayon, une pointe à tracer, le long de l'une des deux grandes arêtes qui touchent cette face; mais, il faut avoir bien soin de maintenir la règle toujours dans la même position, de n'en jamais écarter le crayon ou la pointe, et c'est à quoi l'on ne réussit qu'après s'être exercé.

Si vous devez unir par une droite deux *points* donnés, c'est-à-dire deux marques faites par deux piqûres d'une *pointe* très-fine, il faut placer la règle de manière que l'une de ses longues arêtes soit tout contre les deux points.

La droite ainsi tracée entre deux points *est le plus court chemin* pour aller de l'un à l'autre; sa longueur donne, par conséquent, *la vraie distance* qui sépare ces points.

Moins les points sont gros, et plus il y a d'exactitude dans les tracés. Vous sentez, en effet, que s'il s'agit de prendre avec un compas l'écartement de deux points un peu gros, il est impossible de savoir précisément où doivent être posées les pointes, et qu'on ne sait pas davantage comment placer la règle, quand il faut unir ces points par une droite. Vous devez donc chercher, en traçant soit sur le papier, soit sur d'autres corps, à faire des

points aussi petits et des lignes aussi fines qu'il est possible.

Les planches jointes à ce livre montrent que les différentes parties d'une *figure* géométrique se distinguent
au moyen des lettres de l'alphabet. Un point est toujours
désigné par une seule lettre ; ainsi l'on dit : le point A ,
le point B , le point C (P. I , Fig. 1). Toute droite est
désignée par deux lettres qu'on place ordinairement aux
extrémités , mais qui peuvent aussi être mises ailleurs ;
ainsi l'on dit : la droite AB ou la droite AC , à volonté.

2. Les règles sont souvent mal faites , ou bien avec
le temps elles se courbent. Pour *vérifier une règle* , il
faut en vérifier chacune des 4 longues arêtes. Tracez une
ligne le long d'une de ces arêtes ; retournez ensuite la
règle bout pour bout et présentez à la ligne l'arête qu'a
suivie le crayon. Si cette ligne en est recouverte dans
toute sa longueur , elle est droite et l'arête est juste.
Quelque courte que soit une partie non recouverte , l'a-
rête est fausse , et il faut la marquer pour éviter de
s'en servir.

3. Certains travaux nécessitent des droites d'une telle
longueur , qu'on ne peut employer une règle pour les
tracer. Les jardiniers , les terrassiers , les maçons , etc. ,
font usage d'un cordeau attaché à deux piquets ou à deux
pierres. Ils doivent observer que si le cordeau ne repose
pas dans toute sa longueur sur la face *réglée* d'un corps ,
c'est-à-dire sur une face où la règle puisse s'appliquer d'un
bout à l'autre , ils n'ont point et ne peuvent jamais avoir
une véritable droite. Effectivement , le poids de ce cordeau le rend courbe et d'autant plus courbe qu'il est
plus considérable. Mais plus on tend fortement , et plus
on diminue la courbure.

Les charpentiers se servent aussi d'un cordeau pour
tracer de longues droites. Ils le frottent avec du blanc
d'Espagne , de l'ocre , du noir de fumée delayé dans de
l'huile , l'appliquent sur deux points de la droite à tracer ,
le tendent fortement , le pincent pour l'élever au-dessus
de la pièce de bois , en maintenant les deux bouts , puis
enfin le laissent retomber. Mais l'empreinte qu'il forme
en frappant la pièce , n'est rigoureusement une droite que
dans le cas où il a été élevé dans l'aplomb de sa première position.

Ceux qui arpentent ou qui lèvent des plans ne marquent
que les extrémités des droites. Ces droites n'en sont pas moins

bien déterminées : on peut en plaçant l'œil dans l'alignement des deux points extrêmes, faire planter sur chacune, bien qu'elle ne soit pas tracée, autant de piquets ou de jalons qu'il en est besoin.

CERCLE.

4. Parmi toutes les lignes courbes, il en est une qu'on appelle indifféremment *cercle* ou *circonférence.*

Tracer un cercle.

Sur le papier ou sur un tableau, appuyez légèrement l'une des pointes d'un compas ouvert, et faites tourner l'autre pointe autour de celle-là, de manière qu'elle marque sa trace. Cette trace sera un cercle.

Sur le terrain, vous pouvez-vous servir d'une grande perche, percée à l'un de ses bouts. Vous introduirez une pointe dans le trou et vous enfoncerez cette pointe dans le sol, ou bien vous la ferez maintenir dans une position fixe par un aide ; puis, vous appliquerez une pointe à tracer contre la perche, et saisissant ces deux objets d'une seule main, de manière à rendre invariable le point où ils se toucheront, vous les ferez tourner autour du pivot.

Si le cercle à tracer est trop grand pour que vous puissiez employer une perche, vous aurez recours au cordeau. Il doit être bouclé à chaque extrémité. Dans l'une des boucles vous engagerez la pointe fixe ; dans l'autre, la pointe traçante, et au moyen de cette dernière, vous ferez tourner le cordeau, en le tirant de manière qu'il soit toujours à-peu-près également tendu.

5. Le point A marqué par la pointe fixe (P. I, F. 2) est le *centre* du cercle.

On désigne souvent un cercle par ce seul point, en disant le *cercle A.*

Toute droite AB tirée du centre jusqu'à un point quelconque de la courbe, est appelée *rayon* du cercle. Toute droite CD tirée d'un point de la circonférence à un autre, est une *corde,* et la partie du cercle comprise entre les deux points C, D, soit d'un côté de la corde, soit de l'autre, est un *arc de cercle.*

Toute droite BC menée d'un point de la courbe à un autre et passant par le centre, est nommée *diamètre* du cercle. Un diamètre est aussi une corde, mais il est plus grand que toute autre corde qui ne passe pas par le centre.

Tous les rayons d'un cercle sont égaux, car il résulte

du tracé, qu'il faut, pour prendre la longueur d'un quelconque, la même ouverture de compas que pour prendre celle de chacun des autres.

Tous les diamètres d'un cercle sont égaux, car chacun vaut deux rayons. Le diamètre BC, par exemple, est la somme des rayons AB et AC.

De ce que tous les rayons sont égaux, il suit que *tous les points du cercle sont également éloignés du centre.* Par conséquent, *le cercle tracé autour d'un point pris pour centre, est le lieu où se trouvent tous les points également éloignés du premier.*

Si, par exemple, vous voulez marquer plusieurs points situés à 3 mètres d'un point A, vous décrirez un cercle autour de ce point A pris pour centre, avec une perche ou un cordeau de 3 mètres, ou en maintenant la pointe traçante à 3 mètres de la pointe fixe, et tous les points que vous marquerez sur ce cercle, seront à 3 mètres de A.

6. Voulez-vous *trouver un point qui soit à 3 mètres d'un point A et à* 2^m *d'un point B* (P. I, F. 3)?

Vous décrirez un cercle de 3^m de rayon autour de A et un cercle de 2^m de rayon autour de B. Ces deux cercles se couperont en deux points C, D. Le point C étant sur le grand cercle se trouvera à 3^m de A; étant sur le petit cercle, il se trouvera à 2^m de B, et il en sera de même du point D. Le problème a donc deux solutions. Vous prendrez celle du point C, si le point demandé doit être au-delà de la ligne droite AB; vous prendrez celle du point D, si le point demandé doit être en deçà de AB. Lorsque aucune de ces conditions ne sera imposée, vous prendrez indifféremment l'un ou l'autre des deux points C, D.

7. Les deux exemples précédens vous montrent que, pour *décrire un cercle dont le rayon est donné*, il faut mettre et maintenir entre la pointe traçante et la pointe fixe, une distance égale à la longueur du rayon.

Si c'est le diamètre qui est connu, on en prend la moitié pour avoir le rayon. Qu'on ait, par exemple, à tracer un cercle dont le diamètre soit $1^m,5o$, on emploiera un rayon de $0^m,75$ moitié de $1^m,5o$.

Comparaison des cercles et de leurs arcs.

8. Il n'est pas nécessaire de mesurer le contour des cercles pour les comparer; il suffit de mesurer leurs rayons ou leurs diamètres. Si le rayon d'un cercle est le tiers,

la moitié, le double, le triple, le quadruple, etc., du rayon d'un autre, le premier cercle sera le tiers, la moitié, le double, le triple, le quadruple, etc., du second. Il en est de même pour les diamètres.

Combien une circonférence dont le diamètre est de 75 centimètres, contient-elle de fois une circonférence dont le diamètre est de 15 centimètres?

Pour répondre à cette question, je cherche combien de fois 75 contient 15, c'est-à-dire que je divise 75 par 15. Le quotient 5 m'apprend que le contour du grand cercle vaut 5 fois le contour du petit.

9. *La piste du manège d'un huilier a 2^m de rayon; il la trouve trop courte et veut l'augmenter d'un quart; à quelle distance du pivot doit-il atteler son cheval?*

La grande piste vaudra $\frac{5}{4}$ de la petite, puisqu'elle la surpassera de $\frac{1}{4}$ en longueur; il faut donc que son rayon soit les $\frac{5}{4}$ de 2 mètres ou le $\frac{1}{4}$ de 10^m ou 2^m,50; c'est-à-dire que la piste sera augmentée d'un quart, si l'on augmente son rayon d'un quart.

10. *On veut qu'une roue qui engrène avec une autre, fasse 2 tours, pendant que cette autre en fera 5; quel doit être son rayon?*

Il faut que 2 fois la circonférence de la première roue vaillent 5 fois la circonférence de la seconde. Par conséquent, 2 fois le rayon de la grande roue doivent égaler 5 fois le rayon de la petite, ou bien, ce qui est la même chose, le rayon de la grande roue doit égaler $\frac{5}{2}$ ou 2 fois et demie le rayon de la petite.

11. *Le rayon d'une roue est les $\frac{2}{3}$ de celui d'une autre avec laquelle elle engrène; combien fait-elle de tours pendant que la grande roue en fait un?*

La circonférence de la petite roue est les $\frac{2}{3}$ de celle de la grande; par conséquent, 3 fois la première circonférence valent 2 fois la seconde, ou $\frac{3}{2}$ fois la première valent une fois la seconde, et la petite roue doit faire $\frac{3}{2}$ tours ou 1 tour et demi, pendant que la grande en fait un seul.

12. *Tracer un cercle qui soit égal à un autre.*

Il suffit de prendre le même rayon; car, puisque les circonférences se contiennent autant de fois que les rayons, des circonférences qui ont des rayons égaux se contiennent une fois ou sont égales.

13. Quand deux arcs sont sur le même cercle ou sur des

cercles égaux, l'un est double, triple, etc., d'un autre, s'il peut recevoir 2 fois, 3 fois, etc., la corde de cet autre.

Ainsi, l'arc ABD est triple de l'arc EFG (P. I, F. 4), parce que la corde EG du second peut être reçue 3 fois par le premier : une fois de A en B, une fois de B en C et une fois de C en D. On dit aussi dans un tel cas, que la corde EG peut être *portée* 3 fois sur l'arc ABD.

Remarquez que 3 lettres sont employées pour désigner un arc. Si l'on disait l'arc AD, la personne qui écouterait ou qui lirait, ne saurait pas s'il s'agit de l'arc ADB ou de l'arc AFD. Quelquefois cependant, on ne se sert que de deux lettres pour nommer un arc ; mais alors il est convenu qu'on veut parler du plus petit des deux qui ont la même corde. En disant donc l'arc EG, ce n'est pas alors le grand arc EBG qu'on indique ; c'est le petit EFG.

Lorsque des arcs appartiennent à des cercles inégaux, on ne peut les comparer qu'après les avoir mesurés.

Il faut bien se garder de croire que les arcs d'un même cercle ou de cercles égaux se contiennent autant de fois que leurs cordes ; ce serait une très-grave erreur. La corde AD de l'arc ABD n'est pas triple de la corde EG de l'arc EFG, quoique le premier arc soit triple du second. En effet, la ligne brisée ABCD, formée de 3 lignes droites, est triple de la corde EG : on l'a faite telle ; et cette ligne brisée est plus longue que la ligne droite AD qui a les mêmes extrémités A et D.

14. Il suit de ce qui précède que deux arcs sont égaux s'ils ont des cordes égales, s'ils se trouvent sur le même cercle, ou sur des cercles de même rayon, et s'ils sont chacun le plus petit ou le plus grand des deux arcs qui ont la même corde.

Réciproquement, sur le même cercle ou sur des cercles de même rayon, les cordes sont égales, quand les arcs sont égaux. Mais observez bien que c'est seulement dans le cas de l'égalité que les arcs se contiennent autant de fois que les cordes.

Soient les deux cercles A, B de même rayon (P. I, F. 5). Si les cordes CD, EF sont égales, les deux petits arcs CGD, EHF sont de même longueur, ainsi que les deux grands arcs CID, EKF. Réciproquement, il suffit qu'on ait reconnu que les arcs CGD, EHF, par exemple, sont égaux, pour être sûr que les cordes CD, EF ont même longueur.

15. *Marquer, sur un cercle A, un arc égal à un autre BCD situé sur le même cercle* (P. I, F. 6).

Je prends, avec un compas, la longueur de la corde qui joindrait le point B au point D; je porte cette longueur de E en F, par exemple, et j'ai l'arc EGF qui est égal à l'arc BCD.

16. *Marquer, à partir d'un point A, un arc qui soit quadruple d'un autre BCD* (P. I, F. 7).

Je prends, avec un compas, la corde de BCD; je la porte 4 fois de A en E, et j'ai l'arc AFE qui contient 4 fois l'arc BCD ou qui en est le quadruple.

17. Une même corde peut toujours être portée deux fois dans un cercle, à partir du même point, et donner ainsi deux arcs égaux qui aient une extrémité commune. Par exemple, la corde AB (P. I, F. 8) peut être portée de A en C et fournir l'arc ADC égal à l'arc AEB. Mais il n'en est pas de même du diamètre AF; il est impossible de porter cette longueur de A en un point du cercle qui soit autre que le point F. Il faut en conclure que les deux arcs ADF, AEF formés par le diamètre AF sont égaux. Par conséquent, *tout diamètre partage le cercle en deux arcs égaux, et chacun de ces arcs est la moitié de la cir-conférence.*

Mesurage du cercle, des arcs et du diamètre.

18. *Mesurer une circonférence.*

Si vous pouvez l'entourer d'une ficelle, vous le ferez, et il ne s'agira que de mesurer la longueur de cette ficelle, pour avoir celle de la ligne courbe. Mais observez qu'il faut employer une ficelle molle, peu torse, peu susceptible de s'étendre par la traction: autrement, la longueur trouvée pourrait n'être point la véritable.

Si vous ne pouvez pas vous servir de ce moyen, mesurez le diamètre et multipliez-le par 3,1416. Le produit vous donnera à fort peu près la longueur de la circonférence.

Supposons, par exemple, que le diamètre ait été trouvé de 5 mètres; la longueur de la circonférence égalera $5^m \times 3,1416$ dont le produit est $15^m,708$. Si vous vous contentiez de tripler le diamètre, comme le font quelques personnes, vous trouveriez 15^m, longueur beaucoup trop petite, et si vous y ajoutiez un septième du diamètre, comme font d'autres personnes, vous obtiendriez $15^m,714$, résultat trop grand de 6 millimètres au moins.

3

On se rappelle assez facilement le nombre 3,1416, lorsqu'on s'habitue à le prononcer par parties ou à dire 3....14....16. Il faut se contenter du degré d'exactitude qu'il donne, car le résultat 15^m,708 n'excède pas de 4 cent-millièmes de mètre la vraie longueur de la circonférence dont le diamètre est 5 mètres, et l'on ne peut obtenir rigou-reusement la mesure d'aucune circonférence.

19. *Mesurer un arc de cercle.*

Si l'on peut appliquer une ficelle d'un bout à l'autre de l'arc, on en obtient la longueur en mesurant celle de la ficelle.

Quand il est impossible de procéder ainsi, il faut con-naître combien de fois l'arc est contenu dans la circon-férence. En est-il le tiers, le quart, les $\frac{2}{5}$, etc.? On me-sure la circonférence et l'on prend le tiers, le quart, les $\frac{2}{5}$ de la longueur de cette courbe, pour avoir la longueur de l'arc.

Voici maintenant comment vous pourrez *trouver com-bien un arc ABC est contenu de fois dans la circonfé-rence* (P. I, F. 9).

Prenez la corde de ABC et portez-la autant de fois qu'il sera possible sur la circonférence, 6 fois par exem-ple, de A en D; prenez ensuite la corde du reste DA et portez-la sur l'arc ABC; elle y sera reçue, je suppose, 2 fois de A en E. Prenez alors la corde du reste EC et por-tez-la sur le petit arc DA. Si vous trouvez qu'elle y est reçue 3 fois tout juste, par exemple, l'arc EC sera la com-mune mesure de la circonférence et de l'arc AC.

Dites donc, puisque DA=3EC et que ABC=2DA+EC, il est clair que ABC=6EC+EC ou 7EC; puisque la cir-conférence=6ABC+DA, il est clair que cette circonférence =42EC+3EC ou 45EC. Ainsi, ABC contient 7 fois l'unité de mesure EC, et la circonférence la contient 45 fois; l'arc ABC est donc les $\frac{7}{45}$ de la circonférence.

Au reste, pour plus de simplicité, écrivez tous les quo-tiens au-dessous les uns des autres, dans l'ordre où vous les trouvez; mettez l'unité vis-à-vis de 3 le dernier et ce dernier vis-à-vis de 2 l'avant-dernier; multipliez celui-ci 2 par le nombre 3 qui est sur sa ligne, vous aurez 6; ajoutez au produit le nombre 1 qui est au-dessous du multiplicateur, vous aurez 7; écrivez ce résultat vis-à-vis du quotient 6 sui-vant, en remontant; multipliez ce quotient par le nombre 7 qui est sur sa ligne, vous trouverez 42 ; ajoutez à ce produit le nombre 3 qui est sous le multiplicateur, vous obtiendrez 45 que vous écrirez au-dessus du multiplicateur 7. Renversez ces deux derniers nombres et séparez-les par un trait, vous aurez enfin la fraction $\frac{7}{45}$ qui exprimera le nombre de fois que l'arc ABC est contenu dans la circonférence.

C'est encore ainsi qu'il faut opérer, si l'on veut trouver combien de fois une ligne droite est contenue dans une autre droite, lorsque le nombre de fois n'est pas entier.

20. *Mesurer le diamètre de la circonférence intérieure d'une tour* (P. I , F. 10).

Si l'on peut opérer librement dans la tour, vous ferez maintenir en un point A, le bout d'une règle terminée en biseau ; vous placerez une seconde règle sur celle-là, de manière à former une ligne droite avec l'arête qui aboutit en A, et vous ferez pivoter ce système autour de A jusqu'à ce que le bout B de la 2e règle, terminée aussi en biseau, ne puisse plus s'éloigner du pivot. Quand le système aura cette position, qu'il ne pourrait quitter sans que la distance AB diminuât, la droite AB sera dirigée selon un diamètre, puisque le diamètre est la plus grande de toutes les cordes. Il suffira donc alors de mesurer AB pour connaître le diamètre cherché.

C'est ainsi qu'il faut s'y prendre pour mesurer le diamètre de toute circonférence dans l'intérieur de laquelle on peut opérer.

Si l'intérieur n'est pas libre, on cherche le diamètre de la circonférence extérieure de la tour et l'on en retranche le double de l'épaisseur du mur prise dans l'embrâsure d'une porte ou d'une fenêtre ; car AB est égal à CD diminuée de AC et de BD. Mais observez que pour avoir la véritable épaisseur du mur, il faut la mesurer dans la direction d'un rayon ou selon une droite dirigée vers le centre des circonférences. Ce n'est donc pas sur les faces d'une porte ou d'une fenêtre qu'on doit prendre la mesure de l'épaisseur d'un mur en tour ronde, car ces faces ne sont pas dirigées vers le centre ; c'est sur la droite EF qui est également distante de l'une et de l'autre.

21. *Mesurer le diamètre de la circonférence extérieure d'une tour* (P. I , F. 10.).

Si vous pouvez mesurer le diamètre AB de la circonférence intérieure, vous n'aurez qu'à y ajouter le double de l'épaisseur du mur, pour avoir CD le diamètre cherché.

Si vous ne pouvez pas mesurer AB , vous mesurerez la circonférence extérieure (18) et vous diviserez sa longueur par le nombre 3,1416. Le quotient différera extrêmement peu du diamètre demandé. On se contente quelquefois de prendre , pour longueur du diamètre , le tiers de la circonférence ; mais le résultat est beaucoup trop grand. D'autrefois on multiplie la circonférence par 7 et l'on divise le produit par 22 ; mais le quotient est moindre que celui qui résulte du diviseur 3,1416. C'est donc ce dernier nombre qu'il convient d'employer.

Lorsqu'il sera impossible de mesurer directement la circonférence de la tour, vous tracerez une droite AB à une petite distance (P. I , F. 11); puis vous placerez une règle qui soit d'équerre sur AB et qui touche la tour. Ayant marqué le point C où AB sera coupée par la règle , vous transporterez cette règle de l'autre côté et vous la placerez de la même manière , ce qui vous donnera un 2° point D. La longueur de la droite CD sera exactement celle du diamètre cherché.

C'est ainsi qu'il faut mesurer le diamètre de toute circonférence dont on ne peut prendre le tour et dans l'intérieur de laquelle il n'est pas possible d'opérer.

Au lieu d'employer une règle et de la placer à l'équerre , ce qui n'est pas toujours facile sur le terrain , on peut se servir du système de deux cordes que représente la figure 12 (P. I). La partie EF renferme 3 unités de longueur , comme 3 pieds , 3 décimètres , 3 mètres , etc ; la partie EG renferme 4 unités de même espèce que celles de EF, et FG en contient 5. Quand le système est placé de façon que ses trois parties soient tendues , la figure FEG est absolument celle d'une équerre , et par conséquent la droite EI est d'équerre sur EH.

Pour appliquer le cordeau-équerre au mesurage du diamètre d'une tour , vous le placerez de telle sorte que la corde EH couvre une partie de la droite AB (F. 11) et qu'en même temps la corde EI, tendue en ligne droite comme EH , FG , touche le mur de la tour ; puis vous marquerez le point C de AB sur lequel se trouvera le coude E de la corde HEI. Opérant de la même manière de l'autre côté de la tour , vous déterminerez le point D de AB.

ANGLES.

22. Deux droites ne peuvent se couper qu'en un seul point ; on appelle ce point leur *intersection*.

Deux droites·AB, BC qui se rencontrent en un point B
(P. I, F. 13), laissent entre elles un espace qu'on nomme
angle. AB et BC sont les *côtés* de cet angle ; le point B
en est le *sommet*.

Il suffit de trois points pour désigner un angle : celui
du sommet et deux autres pris sur les côtés. Ainsi, l'on
dit l'angle ABC, mettant la lettre du sommet entre les
deux autres. Quelquefois aussi l'angle est désigné par la
seule lettre du sommet, et l'on dit l'angle B ; mais il faut
pour cela que ce sommet ne soit pas commun a plusieurs
angles.

De même qu'il suffit d'une petite partie d'une droite,
pour qu'on puisse la continuer jusqu'à une distance quelconque, il suffit aussi d'une petite partie de l'angle pour
qu'on puisse lui donner telle étendue qui sera assignée :
il ne s'agirait pour cela que d'en prolonger les côtés. Un
angle est donc réellement un espace sans limite, et néanmoins il est toujours suffisamment indiqué par la partie
qui avoisine le sommet. Aussi se contente-t-on *d'amorcer*,
pour ainsi dire, comme dans la figure 13, les angles qu'il
faut représenter.

23. *Transporter sur la face d'une pierre de taille,
l'angle ABC que forment les fondations de deux murs*
(P. I, F. 14).

On emploie pour cela une *fausse-équerre*. Cet instrument est composé de deux règles réunies par une charnière ; celle du tailleur de pierres à des pointes, pour
qu'elle puisse servir de compas.

Vous ouvrirez la fausse-équerre et vous la placerez de
manière que l'une des arêtes intérieures se confonde avec
l'arête AB d'un des murs et qu'en même temps l'autre
arête intérieure couvre l'arête BC de l'autre mur. Alors,
l'angle ABC sera *levé*, ou *relevé*, comme disent les ouvriers, c'est-à-dire que les deux règles de l'instrument
feront entre elles le même angle que les arêtes des murs.
Ensuite, sans altérer l'écartement de ces deux règles,
vous les placerez sur la face de la pierre de taille, de
façon qu'une des arêtes intérieures couvre une arête de
la pierre, et avec une pointe à tracer, vous tirerez une
droite le long de l'autre arête intérieure. Cette droite fera
évidemment, avec le bord de la pierre, l'angle ABC.

Ce procédé convient à tous les cas où il faut transporter un angle d'un lieu dans un autre.

Comparaison des angles.

24. Vous pouvez concevoir aisément que le côté AB de l'angle ABC (P. I, F. 15) ait d'abord été appliqué sur le côté BC, et qu'ensuite il se soit écarté de cette droite, en tournant autour du point B, jusqu'à ce qu'il ait eu atteint la position que vous lui voyez dans la figure, ou jusqu'à ce qu'il ait eu formé l'angle ABC. Ce mouvement étant le même que celui de la perche qu'on emploie pour tracer un cercle, il est clair que l'extrémité A de AB n'a pu passer de C en A, sans décrire un arc de cercle CA dont B est le centre. Il est clair aussi que si l'angle ABC augmente ou diminue, c'est-à-dire si AB s'éloigne ou se rapproche de BC, l'arc augmentera ou diminuera.

Cette dépendance constante dans laquelle l'arc et l'angle sont l'un par rapport à l'autre, fait qu'on peut se servir pour désigner, pour *indiquer* un angle, de l'arc décrit entre les côtés et du sommet comme centre. Mais observez bien qu'un arc qui se trouve entre les côtés d'un angle, n'est plus *l'indication* de cet angle, s'il n'a pas le sommet pour centre.

25. Il n'est pas nécessaire de mesurer les angles pour les comparer. Un angle est le tiers, la moitié, le triple, etc. d'un autre, si son arc d'indication est le tiers, la moitié, le triple, etc., de l'arc d'indication de cet autre, et que les deux arcs soient de même rayon.

Combien de fois l'angle ABC contient-il l'angle DEF (P. I, F. 15)?

Avec une ouverture de compas arbitraire, je décris du sommet B un arc AC entre les côtés de l'angle ABC, et avec la même ouverture, je décris du sommet E un arc DF entre les côtés de l'angle DEF. Je cherche ensuite combien de fois l'arc DF est contenu dans l'arc AC (19), et si je trouve qu'il y est contenu 4 fois, par exemple, j'en conclus que l'angle ABC est quadruple de l'angle DEF.

26. Il suit de là que si les arcs d'indication ont même longueur ou même corde, les angles sont égaux; car ces angles se contiennent une fois comme les arcs.

On veut tracer une allée dont un côté aboutisse au point A et fasse, avec la direction AB d'une haie, le même angle que le côté BC d'une autre allée (P. I, F. 16).

Du point B sommet de l'angle donné ABC, je décris, avec une ouverture de compas arbitraire, un arc DE compris entre les côtés de cet angle. Du point A et avec la même ouverture, je décris un second arc FG qui soit visiblement plus grand que le premier. Je prends ensuite la corde de DE, et du point F, avec cette corde pour rayon, je décris un tout petit arc qui coupe FG quelque part en H. Cette dernière opération revient à porter la corde de DE sur FG; mais il est préférable de marquer le point H par l'intersection d'un petit arc : on ne court pas le risque de percer le papier si l'on dessine, ou de mal placer le point si l'on opère sur le terrain. Traçant alors la droite AH, on a l'angle FAH égal à ABC.

C'est ainsi qu'il faut s'y prendre pour transporter un angle, sans employer la fausse équerre. Lorsque l'un des côtés de l'angle à faire n'est pas donné, on tire une droite de position arbitraire qui remplace AF.

27. Lorsque deux droites AB, BC se coupent ou se croisent en un point B, elles forment deux angles ABC, DBE ou ABD, CBE qu'on appelle *opposés par le sommet* (P. I, F. 17).

Les angles opposés par le sommet sont égaux.

Pour vous en assurer, vous décrirez un cercle dont B soit le centre. La droite CD sera un diamètre, et l'arc CED une demi-circonférence. AE sera aussi un diamètre, et l'arc ACE une demi-circonférence. Ainsi, CED=ACE. Retranchez à chacun de ces arcs, l'arc CE qui leur est commun, les restes seront égaux. Or, ces restes sont AC pour ACE et DE pour CED. Donc AC=DE, et par conséquent, les angles ABC, DBE sont égaux.

Toutes les fois donc que vous rencontrerez des angles opposés par le sommet, vous pourrez prononcer qu'ils sont égaux, sans avoir besoin de comparer leurs arcs d'indication.

28. L'angle qui a pour arc d'indication le quart de la circonférence, est appelé *angle droit*.

Si donc on prolonge l'un AB des côtés d'un angle droit ABC (P. I, F. 18), l'autre côté BC formera avec le prolongement BD, un autre angle droit CBD.

En effet, décrivez du point B une demi-circonférence qui se termine au diamètre AD. L'arc AC sera l'indication de l'angle ABC, et comme cet angle est supposé droit, AC sera le quart de la circonférence ou la moitié de la demi-circonférence ACD. L'arc CD sera donc l'autre moitié, ou un autre quart de la circonférence, et comme l'arc CD est l'indication de l'angle CBD, cet angle est droit aussi.

Concluez de là qu'une droite ne peut faire un angle droit avec une autre droite, sans former un second angle droit avec le prolongement.

29. *Tous les angles droits sont égaux*, puisque les arcs d'indication qui serviraient à les comparer, seraient égaux comme quarts de circonférences égales.

Donc, toute droite qui en rencontre une autre à angle droit, forme deux angles égaux du même côté.

Toute droite AB qui en croise une autre CD à angle droit, forme quatre angles droits (P. I, F. 19), c'est-à-dire que si l'angle AEC est droit, les trois autres le seront aussi. En effet, l'angle AED est droit, nous l'avons démontré tout-à-l'heure ; l'angle BED = AEC, ce sont deux angles opposés par le sommet; l'angle BEC = AED pour la même raison ; par conséquent, les angles BED, BEC sont droits aussi, et les quatre angles qui ont le point E pour sommet commun, sont égaux entre eux.

30. Tous les angles ABC, CBD, DBE, EBF, FBA, etc., qu'on peut faire autour d'un point B (P. I, F. 20), valent en somme quatre angles droits ; car la somme de leurs arcs d'indication forme la circonférence dont le centre est en B, et cette circonférence contient 4 fois l'arc d'indication d'un angle droit.

Tous les angles ABC, CBD, DBE etc., qu'on peut faire autour d'un point B, du même côté d'une droite AE (P. I, F. 21), valent en somme deux angles droits ; car la somme de leurs arcs d'indication forme la demi-circonférence dont le centre est en B, et cette demi-circonférence contient 2 fois l'arc d'indication d'un angle droit.

Un angle ABC moindre qu'un angle droit est dit *aigu*.

Un angle CBE plus grand qu'un angle droit est dit *obtus*.

Par conséquent, une droite CB qui en rencontre une autre AE en un point B placé entre les deux extrémités, et qui ne fait pas d'angles droits, forme avec cette autre droite AE deux angles, l'un ABC aigu, l'autre CBE obtus, dont la somme vaut deux angles droits.

31. L'angle ABC qui a son sommet à la circonférence et qui est formé par deux cordes, est appelé *angle inscrit* (P. I, F. 22). L'angle ADC dont le sommet est au centre et dont les côtés sont des rayons, est nommé *angle au centre*.

L'angle inscrit ABC est la moitié de l'angle au centre ADC qui renferme le même arc AEC.

Comme AEC est l'arc d'indication de l'angle au centre, il est clair que la moitié de cet arc doit être égale, pour le même rayon, à l'arc d'indication de l'angle inscrit ABC. Donc, *l'arc d'indication d'un angle inscrit est la moitié de l'arc compris entre les côtés et pris sur la circonférence où est le sommet.*

Il s'ensuit, que *tout angle inscrit ABC dont les côtés passent par les extrémités d'un diamètre AC, est égal à un angle droit* (P. I, F. 23); car son arc d'indication est la moitié de la demi-circonférence ou le quart de la circonférence entière.

Mesurage des Angles.

32. On ne peut pas mesurer l'angle avec l'unité ordinaire des superficies, bien qu'il en soit une, attendu qu'il présente une superficie infinie tandis que l'arc et l'arpent sont limités. On conçoit effectivement qu'il y aurait impossibilité à vouloir trouver combien une chose, infinie contient de fois une chose analogue, mais bornée de toutes parts : ce nombre de fois est infini lui-même.

L'unité de mesure doit être toujours et en tout point de même nature que les choses à mesurer. Ainsi, la mesure des longueurs est une longueur qu'on appelle toise, mètre, etc.; la mesure des capacités est une capacité nommée litre, pinte, etc.; la mesure des poids est un poids; celle des monnaies est une monnaie. La mesure des angles doit donc être un angle. Celui qui est adopté a pour arc d'indication la 360ᵐᵉ partie d'une circonférence quelconque décrite du sommet. Comme cette 360ᵐᵉ partie est appelée *degré*, c'est *l'angle d'un degré* qui sert de mesure pour les angles.

Lors donc qu'on dit : un angle de 10 degrés, de 90 degrés, etc., non seulement on exprime que l'arc d'indication contient 10 fois, 90 fois, etc. la 360ᵐᵉ partie d'une circonférence, mais encore que cet angle vaut 10 fois, 90 fois, etc. l'angle d'un degré. L'indication d'un angle donnée en degrés, fait donc connaître en même temps le nom et la grandeur de cet angle.

Ne répétez point ce qui est écrit dans presque tous les livres de géométrie, que l'arc exprimé en degrés est la mesure de l'angle. Cette locution est fausse et donne de fausses idées; un arc ne peut pas plus mesurer un angle, que le mètre linéaire ne peut mesurer un champ. L'arc *indique* la grandeur de l'angle, sans équivaloir à cette grandeur, à peu près comme une monnaie de papier indiquerait la valeur des choses, sans avoir cette valeur.

33. Toute circonférence pouvant être divisée en 360 parties égales, renferme 360 degrés. Le degré a 60 parties égales nommées *minutes*; la minute se compose de 60 *secondes*; la seconde contient 60 *tierces*, etc. On a choisi ces nombres, parce que, ayant beaucoup de diviseurs, ils sont d'un emploi commode dans le calcul.

Observez que la minute et la seconde du degré diffèrent beaucoup de la minute et de la seconde de l'heure: il y a 21600 minutes de degré dans une circonférence; il n'y a que 60 minutes d'heure dans le cercle d'un cadran de montre.

On marque qu'un nombre exprime des degrés en écrivant un petit zéro à droite et un peu au-dessus. Pour les minutes, on met un accent aigu à la même place que le zéro; pour les secondes, on emploie deux accens. L'arc ou l'angle de 53 degrés, 14 minutes et 57 secondes, s'exprime, d'après cela, comme il suit : 53° 14′ 57″

34. Il existe des instrumens qui, portant un cercle divisé en degrés et parties de degrés, sont propres au mesurage des arcs et par suite à celui des angles. Mais l'usage de ces instrumens ne convient qu'aux personnes avancées dans l'étude de la Géométrie, et d'ailleurs, celles qui se bornent aux connaissances primaires, n'ont pas besoin de savoir mesurer les angles; il leur suffit de pouvoir les comparer (*).

Nous dirons seulement que l'emploi de tels instrumens repose sur ce principe : *Des arcs de rayons différens ont toujours le même nombre de degrés, quand ils sont compris dans le même angle, et que le sommet est centre commun.*

Supposez en effet, que l'angle ABC (P. I, F. 24) puisse être placé 12 fois autour du point B. Les 12 angles qui occuperont alors tout le grand cercle B seront égaux, et par conséquent, les 12 arcs de rayon BD qu'ils comprendront entre leurs côtés, seront aussi égaux. Or, ces 12 arcs formeront en somme la grande circonférence. Un quelconque DE sera donc le douzième de 360° ou 30°. Par la même raison, les 12 arcs de rayon BF, compris entre les côtés des mêmes angles, seront égaux,

----

(*) La description raisonnée des instrumens propres au mesurage des angles se trouve, avec un grand nombre d'autres choses curieuses et utiles, dans la *Géométrie appliquée à l'industrie, à l'usage des artistes et des ouvriers*, seconde édition, par C.-L. Bergery; prix: 6 fr.

et comme leur somme fera la petite circonférence B, un quelconque FG sera aussi le douzième de 360° ou 30°.

Que l'arc employé pour connaître l'angle soit donc d'un petit ou d'un grand rayon, situé près ou loin du sommet, il n'importe : on aura toujours le même nombre de degrés. Voilà pourquoi des cercles divisés de toute grandeur peuvent servir au mesurage du même angle.

PERPENDICULAIRES.

35. Deux droites AB, BC, (P. I, F. 18) qui font ensemble un angle droit ABC sont dites *perpendiculaires* l'une sur l'autre.

Le plus grand des angles d'une équerre est un angle droit ; par conséquent, les deux arêtes qui le forment sont perpendiculaires l'une sur l'autre. C'est donc la même chose pour deux droites, d'être d'équerre ou perpendiculaires. Aussi emploie-t-on indifféremment ces deux expressions.

La perpendiculaire BC au milieu d'une droite DE est le lieu de tous les points qui sont également éloignés chacun des deux extrémités D , E de la droite (P. I , F. 25).

D'abord, tout point A de la perpendiculaire BC est à égales distances des extrémités de DE , si B est le milieu de cette droite. En effet, la distance de A à D est la droite AD , la distance de A à E est la droite AE. Or, si nous faisons tourner la figure ABE autour de AB, considérée comme une charnière, les points A ,B ne bougeront pas ; BE se couchera sur BD, puisque les angles ABE, ABD sont égaux ; E tombera sur D , puisque BE=BD. Par conséquent, AE se confondra avec AD. Ces deux droites sont donc égales , car le rabattement opéré n'a pas altéré leur longueur.

Ensuite, tout point E pris hors de BC est inégalement éloigné de D , E , c'est-à-dire que FE n'est pas égal à FD. Effectivement, FD est plus court que la ligne brisée FAD , et cette ligne brisée égale FE , puisqu'elle se compose de FA qui fait partie de FE , et de AD qui est égale à AE.

Il suit de là que si une droite a deux de ses points également éloignés des deux extrémités d'une autre , elle est perpendiculaire au milieu de cette autre droite.

36. *Tracer la direction d'un mur qui doit être d'équerre sur un autre AB et le rencontrer en C* (P. I, F. 26).

La direction de ce mur sera une perpendiculaire *élevée* sur AB par le point C. Pour trouver cette perpendiculaire , vous pourrez vous servir du cordeau-équerre , ou d'une équerre ordinaire ; mais on n'a pas toujours un cordeau–équerre à sa disposition et il est difficile de rendre cet instrument exact. L'équerre ordinaire n'est pas assez grande pour que les opérations auxquelles elle servirait sur le terrain, eussent quelque précision ; d'ailleurs, peu d'équerres sont justes, et quand on les fait telles, le jeu du bois ne tarde pas à les fausser. Il vaut donc mieux employer le tracé suivant qui peut servir à élever des perpendiculaires sur le papier, comme sur le terrain, et qui donne toujours beaucoup d'exactitude.

Marquez sur AB, deux points D, E qui soient également éloignés de C ; décrivez de chacun de ces points, avec le même rayon, un petit arc de cercle au-delà ou en-deçà de AB ; puis joignez au point C, le point F intersection des deux arcs. FC sera la perpendiculaire demandée ou la direction du nouveau mur ; car le point C est également éloigné de D et de E, les distances FD, FE sont égales, et par suite FC est perpendiculaire au milieu de DE.

Le rayon des deux petits arcs doit être plus grand que la moitié de DE : moindre que cette moitié, il ne permettrait pas aux deux arcs de se couper ; égal à cette moitié, il donnerait seulement le point A déjà connu. En outre, pour que la droite CF ne diffère pas de la vraie perpendiculaire, quelque loin qu'on la prolonge, il importe de choisir d'avance la place du point F à la plus grande distance possible de C, et de prendre CD, CE égaux à cette distance estimée grossièrement.

Opérez ainsi dans tous les cas où il vous faudra élever une perpendiculaire en un point donné d'une droite.

37. *Tracer la direction d'un fossé qui doit aboutir à l'extrémité A d'un autre fossé dont AB est une arête, et le rencontrer d'équerre* (P. 1, F. 27).

Prolongez la droite BA à droite du point A, et employez le procédé précédent, pour élever en A une perpendiculaire sur BC.

Voilà ce qu'il faut faire pour élever une perpendiculaire à l'extrémité d'une droite qui peut être prolongée.

38. *Couper carrément le bout A d'une planche AB* (P. I, F. 28), en d'autres termes, tracer par le point A un trait qui soit d'équerre sur l'arête AB de la planche.

Prenez un point C qui avoisine le bout A et soit placé à peu près au milieu de la largeur de la planche. De ce point comme centre et d'un rayon égal à la distance CA, décrivez un arc de cercle. Joignez C au point D où le cercle coupe l'arête AB de la planche, et prolongez la droite DC jusqu'à ce qu'elle rencontre une seconde fois l'arc de cercle; joignez enfin le point d'intersection E avec A; la droite AE se trouvera d'équerre sur AB, parce que l'angle DAE sera droit, et cet angle sera droit, parce qu'il aura son sommet A sur la circonférence et que ses côtés passeront par les extrémités du diamètre DE.

On se sert de ce moyen sur le papier, comme sur le terrain, toutes les fois qu'on doit *élever une perpendiculaire à l'extrémité d'une droite qui ne peut être prolongée.*

39. *Tracer la direction d'une allée qui partant d'un point donné A, aille couper d'équerre une autre allée dont BC figure un des côtés* (P. I, F. 29).

Marquez sur BC deux points également éloignés de A, et pour cela, coupez cette droite par un arc de cercle DE décrit de A, avec un rayon arbitraire. Ensuite, décrivez de D, E deux arcs qui se croisent en deçà de BC au point F. La droite AF sera la direction demandée.

C'est ainsi qu'il faut opérer toutes les fois qu'il s'agit *d'abaisser* une perpendiculaire AG sur une droite BC, d'un point extérieur A. La longueur de cette perpendiculaire est la distance du point à la droite, parce qu'elle est la plus courte droite qu'on puisse mener de A jusqu'à BC.

40. Les trois tracés qui viennent de nous occuper peuvent, sur le terrain, s'exécuter avec une grande exactitude au moyen de *l'équerre d'arpenteur.*

Cet instrument a deux formes différentes: sous l'une, il présente une espèce de boîte en laiton à 10 faces, portée par un pied; les 2 faces des bouts ont 8 arêtes et les autres en ont quatre; chacune de ces dernières a une fente étroite, parallèle à ses longs côtés et nommée *mire;* de deux mires opposées l'une est partagée en deux parties égales, dans le sens de sa longueur, par un crin; c'est à l'autre que l'œil doit être appliqué; enfin, l'alignement que déterminent deux mires opposées, se trouve croisé d'équerre par celui de deux des 6 autres mires.

Sous sa seconde forme, l'équerre d'arpenteur offre deux règles en laiton qui se croisent et surmontent une douille propre à recevoir un pied; à chaque extrémité de ces règles s'élève une petite plaque appelée *pinnule*, qui a une mire; deux des mires contiennent aussi un crin et les deux alignemens se coupent à angles droits.

Pour résoudre le dernier problême à l'aide de l'équerre d'arpenteur, on fait planter à plomb un jalon sur la droite BC, en B par exemple (P. I, F. 29); on cherche ensuite, sur cette même droite, un point G tel qu'en y plantant l'équerre à plomb, on voye le jalon B dans un des alignemens de l'instrument, et le point A dans l'alignement perpendiculaire à celui-là. Remplaçant alors l'équerre par un jalon mis à plomb, on a la direction AG de la perpendiculaire demandée.

Il faut un peu d'habitude pour trouver promptement le point G; encore n'y parvient-on qu'après avoir placé et déplacé deux ou trois fois l'équerre.

On ne rencontre pas cet inconvénient dans les problèmes des n°s 36, 37 et 38. Il suffit effectivement, pour les résoudre, de planter à plomb l'équerre au point où doit être élevée la perpendiculaire; de viser, par un des alignemens qui se coupent à angles droits, un point marqué sur la droite donnée, et de faire planter à plomb un jalon sur l'autre alignement.

41. *Trouver le milieu d'un mur.*

On peut déterminer ce milieu par un double mesurage; mais il est plus court et plus sûr, lorsque rien ne s'y oppose, d'opérer comme il suit:

Des extrémités A, B du mur (P. I, F. 30) décrivez, avec un rayon arbitraire, deux arcs qui se coupent en avant, au point C; des mêmes centres, avec un rayon plus petit ou plus grand que le précédent, décrivez deux autres arcs qui se coupent aussi en avant, au point D. La droite DC prolongée jusqu'au mur en marquera nécessairement le milieu E.

C'est ce procédé qu'il faut suivre toutes les fois qu'on doit élever une perpendiculaire au milieu inconnu d'une droite, et qu'on ne veut pas ou qu'on ne peut pas déterminer ce milieu par mesurage. Si les localités le permettent, il vaut mieux tracer les deux premiers arcs d'un côté de la droite donnée, et les autres du côté opposé. De cette façon les points C, D sont plus éloignés l'un de l'autre, et la perpendicularité est plus exacte; car on ne peut guère assurer une direction par deux points très-rapprochés.

42. La droite que forme un fil-à-plomb librement suspendu, est nommée *verticale*, et toute droite perpendiculaire à celle-là est *horizontale*. Quelquefois cette dernière s'appelle aussi *ligne de niveau*.

Quand une droite n'est ni verticale, ni horizontale, on la dit *inclinée*.

Planter un jalon à plomb, ou le rendre vertical, ou le placer verticalement, c'est donc la même chose.

Par un même point, il ne peut passer qu'une seule verticale; mais une infinité d'horizontales différentes peuvent s'y croiser.

C'est au moyen des instrumens appelés *niveaux* qu'on peut marquer des points situés sur une horizontale ou vérifier si une droite est horizontale.

Pour la première de ces deux opérations, on se sert du *niveau d'eau*. Sa pièce principale est un tube en fer-blanc deux fois coudé. Au milieu de ce tube est une douille, par le moyen de laquelle on peut poser l'instrument sur un pied. Les deux petites branches portent chacune un ajutage en verre muni d'un bouchon. Si vous versez assez d'eau dans un des ajutages pour qu'ils en soient remplis tous deux en partie, le liquide s'y mettra de niveau et vous fournira un alignement horizontal. Visez donc par cet alignement deux objets quelconques et faites y marquer les points auxquels il aboutit; ces deux points appartiendront à une horizontale, même quand vous auriez été obligés de faire pivoter le niveau pour en déterminer un. Il suffit que l'élévation de l'instrument au-dessus du sol n'ait pas varié.

Pour vérifier si une droite est horizontale et la rendre telle lorsqu'elle ne l'est pas, on emploie le *niveau de maçon* ou le *niveau à bulle d'air*. Le premier de ces instrumens sera décrit plus loin. Quant au second, il présente un petit tube de verre qui fait légèrement la voûte et qui est contenu dans une monture en laiton. Un peu d'air est mêlé à l'eau dont le tube est presque plein. Comme les corps plus légers que l'eau montent toujours à la surface de ce liquide, vous concevez que la bulle d'air doit occuper le haut de l'arc formé par le tube, quand les deux extrémités de cet arc sont de niveau, ou quand la droite sur laquelle pose la monture en laiton a elle-même cette position; car alors l'eau remplit également les deux parties extrêmes de l'arc et laisse libre le milieu. Si donc la bulle se porte à gauche, par exemple, c'est que la ligne droite est trop élevée de ce côté, et il faut en abaisser l'extrémité de gauche ou hausser l'autre, jusqu'à ce que la bulle soit au milieu de l'arc et s'y maintienne. Il est aisé de sentir, d'après cela, qu'un tel niveau est d'une grande sensibilité et d'une grande justesse; aussi ne saurais-je trop vous en recommander l'usage; il coûte d'ailleurs peu cher.

PARALLÈLES.

43. Deux droites qui sont partout également écartées l'une
de l'autre, se nomment *parallèles* ; elles ne peuvent jamais
se rencontrer quelque loin qu'on les prolonge.

Il suit de là que des perpendiculaires abaissées des différens points A, B, C, etc., d'une droite AD, sur sa parallèle
EF (P. I, F. 31), sont toutes de même longueur ; car
AE, BG, CH sont les distances des points A, B, C à la
droite EF (39).

Donc, quand deux droites sont parallèles et écartées de
2 mètres, par exemple, chacune est le lieu où se trouvent
tous les points situés à 2^m de l'autre.

Ainsi, pour marquer plusieurs points A, B, C, etc. situés à 5 mètres d'une droite EF, il vous suffirait d'élever
une perpendiculaire EA sur EF, de porter 5 mètres sur cette
perpendiculaire, à l'effet de déterminer A, de mener par
ce point une parallèle à EF, et de placer sur cette parallèle AD, les points B, C, etc., à la distance où ils devraient être de A.

Vous sentirez aisément que deux droites AB, CD parallèles à une troisième EF (P. I, F. 32) doivent être
parallèles l'une à l'autre.

44. Toute droite qui traverse un système d'autres
droites, parallèles ou non parallèles, est appelée *transversale*.

Des parallèles AB, CD coupées par une transversale EF
forment plusieurs angles (P. I, F. 33) ; ceux de ces angles qui se trouvent placés de la même manière par rapport
à la transversale et par rapport aux parallèles, sont égaux
entre eux ; il en est de même de ceux qui se trouvent placés
différemment par rapport à la transversale et différemment
par rapport aux parallèles. Ainsi, l'angle BGE = DHE : ces
deux angles sont tous deux du même côté de EF et tous deux
au-delà des parallèles ; on les appelle angles *correspondans*.
De même AGF = DHE : ces deux angles sont l'un d'un
côté de EF, l'autre du côté opposé, le premier en deçà de
la parallèle AB, le second au-delà de la parallèle CD ; on
les nomme angles *alternes-internes* : alternes, pour expri-
mer que la transversale les sépare ; internes, pour indiquer
qu'ils commencent tous deux entre les parallèles.

Il suit de là que si deux droites coupées par une troisième forment des angles égaux qui aient une position analogue à celle des angles correspondans, ou à celle des
angles alternes-internes, ces deux droites sont parallèles.

Des perpendiculaires à une même droite sont donc parallèles ; car si AB, CD (P. I, F. 34) sont perpendiculaires sur BE, les angles correspondans ABE, CDE sont droits et par conséquent égaux.

45. *Tracer, sur le papier ou sur le tableau, une droite qui passe par un point A et soit parallèle à une autre droite BC* (P. I, F. 35).

On se sert pour cela d'une règle et d'une équerre juste ou fausse, peu importe, pourvu que les arêtes en soient droites.

Appliquez le plus grand DE des deux petits côtés de l'équerre contre la règle, et placez ces deux instrumens ainsi accolés, de manière que le grand côté CD du premier se confonde avec la droite donnée BC. Faites glisser ensuite le système à droite ou à gauche, sans abandonner BC, jusqu'à ce que la face de la règle, sur laquelle s'appuie l'équerre, passe par le point A, en même temps que le grand côté CD continuera de couvrir une partie de BC. Enfin, poussez l'équerre le long de la règle maintenue fixe, pour amener le grand côté sur le point A, et tracez une droite AF en suivant ce grand côté; elle sera la parallèle demandée, car les angles correspondans CDE, DAF seront égaux.

S'il est nécessaire que la parallèle soit plus longue que AF, vous la prolongerez ensuite; et pour cela vous maintiendrez l'équerre dans sa dernière position, vous appliquerez la règle le long du grand côté AF, puis vous enleverez l'équerre, et vous tracerez une droite le long de la règle.

46. *Tracer la direction d'une rangée d'arbres qui doit être parallèle à une autre rangée AB déjà plantée, et partir d'un point donné C* (P. I, F. 36).

Il faut marquer sur AB un point A autant éloigné de C qu'il sera possible ; décrire de ce point A, avec la distance AC pour rayon, un arc qui parte de C et se termine sur AB, en B par exemple ; décrire de C, avec le même rayon, un second arc qui parte de A et soit sensiblement plus long que le premier; prendre la corde BC, et avec cette corde pour rayon, décrire de A un troisième arc qui coupe le second ; puis enfin joindre l'intersection D avec le point donné C. La droite CD sera parallèle à AB, car si vous tiriez la droite AC, les angles alternes-internes ACD, BAC seraient égaux, ayant des arcs d'indication de même rayon et de même longueur.

5

Ce procédé convient à tous les cas où les parallèles ne doivent pas être très-écartées, et où le terrain permet de tracer des arcs. On les décrit soit à l'aide d'un cordeau, soit à l'aide d'une perche (4). Observez qu'il suffit de marquer l'extrémité B de l'arc BC et une petite partie de AD.

47. *Tracer la direction d'un mur qui doit contenir un point donné A et être parallèle à un autre mur BC éloigné ou situé au-delà d'une pièce d'eau* (P. I, F. 37).

On ne peut faire usage, dans un tel cas, ni d'un cordeau, ni d'une perche ; il faut se servir d'une équerre d'arpenteur ou d'une fausse-équerre portée sur un pied. Ce dernier instrument est facile à construire : il suffit de faire sur la tête d'un gros piquet, deux entailles droites qui se coupent sous un angle quelconque, ou mieux encore de fixer sur le bout d'un bâton, deux petites planchettes qui se croisent et qui portent 3 épingles : une au croisement et les deux autres à deux de leurs extrémités. Ces épingles doivent être implantées de façon qu'elles se trouvent verticales quand les planchettes seront de niveau.

Quant à la manière d'opérer, elle est très-simple aussi. Plantez verticalement le bâton sur la droite BC, en un point D, tel que l'un des alignemens formés par l'épingle du croisement et les autres étant dirigé sur un jalon vertical B placé le plus loin possible, il arrive que le second alignement passe par le jalon A, et qu'en même temps les planchettes soient bien horizontales, ce que vous vérifierez à l'aide d'un niveau. Avec un peu d'habitude, vous trouverez ce point D après quelques tâtonnemens. Enlevez alors l'instrument et remplacez-le par un jalon vertical ; puis établissez la fausse-équerre au point A, comme elle a été établie en D ; dirigez l'un des alignemens des épingles sur le jalon D, de façon que l'autre alignement laisse les droites AD et BC du même côté ; plantez enfin un jalon vertical E sur ce second alignement et le plus loin possible de A. La direction AE sera celle du mur qui doit être parallèle à BC ; car si vous tiriez la droite AD, vous formeriez les angles alternes-internes ADB, DAE, et ces angles ont été faits égaux, si les planchettes n'ont pas été dérangées.

On opère absolument de la même manière avec l'équerre d'arpenteur. La seule différence qu'il y ait, c'est que la droite AD se trouve alors perpendiculaire à BC et à AE, au lieu de faire des angles aigus avec ces directions.

TANGENTES ET CERCLES TANGENS.

48. On dit qu'une droite AB est *tangente* à un cercle C, lorsqu'elle n'a réellement qu'un seul point D de commun avec ce cercle (P I, F. 38). Le point D est le *contact* de la tangente et du cercle.

Pour qu'une droite AB n'ait qu'un point D de commun avec un cercle C, ou pour qu'elle soit tangente à ce cercle, il faut et il suffit qu'elle soit perpendiculaire à l'extrémité du rayon CD ; car tout autre point E pris aussi près que vous voudrez de D, sur AB, sera plus éloigné du centre C que D (39) et ne se trouvera pas sur la circonférence.

49. *Tracer par un point D, pris sur un cercle C, une droite qui soit tangente à ce cercle* (P. I, F. 38).

Vous courriez grand risque de donner une fausse direction à la tangente, si vous vous contentiez, pour la tracer, d'appliquer une règle contre le cercle, au point D. Il faut absolument tirer le rayon CD, puis élever une perpendiculaire à l'extrémité D de ce rayon (37 et 38).

50. *Tracer par un point A, pris hors d'un cercle B, une droite qui soit tangente à ce cercle* (P. I, F. 39).

Il suffit dans ce cas d'appliquer une bonne règle contre le point A et contre le cercle : une droite AC tracée le long de la règle maintenue dans cette position, est la tangente demandée. Mais, s'il fallait déterminer exactement le point de contact de cette tangente, vous devriez joindre A au centre B, chercher le milieu D de la droite AB (41), et décrire du point D comme centre, avec DB pour rayon, un cercle ou seulement un arc qui coupât AC. L'intersection E serait le contact cherché ; car, si vous tirez le rayon BE, la tangente AC sera perpendiculaire à l'extrémité E de ce rayon, puisque l'angle AEB est inscrit au cercle D et que ses côtés passent par les extrémités du diamètre AB (31).

C'est toujours ainsi qu'il faut opérer pour déterminer exactement le contact d'une tangente.

Remarquez que d'un point A situé à l'extérieur du cercle B, on peut toujours mener deux tangentes AC, AF à ce cercle, et que le tracé précédent fait trouver à la fois les deux contacts E, G.

51. *Tracer les fondations d'un édifice dont le contour doit présenter un demi-cercle et deux tangentes parallèles.*

Décrivez le demi-cercle dans la position et avec le rayon qu'il doit avoir, puis tracez le diamètre AB (P. I, F. 40) et élevez aux extrémités A, B, les perpendiculaires AC, BD. Ces deux droites seront tangentes, comme perpendiculaires aux extrémités des rayons EA, EB, et parallèles, comme perpendiculaires à une même droite AB.

Ainsi, les tangentes parallèles d'un même cercle sont perpendiculaires aux extrémités d'un diamètre et leur distance est égale à ce diamètre.

52. On peut mener 4 tangentes à deux cercles A, B (P. I, F. 41): deux extérieures CD, EF qui se rencontrent en un point G de la droite AB des centres; deux HI, KL qui passent entre les cercles et se croisent en un point M de la même droite. La règle suffit pour le tracé de ces 4 tangentes, et lorsqu'on a déterminé le contact N de CD, par exemple, avec le cercle A (50), le contact avec le cercle B est donné par un rayon BO mené parallèlement au rayon AN.

53. Deux cercles A, B qui n'ont qu'un point C de commun, sont dits *tangens* l'un à l'autre (P. I, F. 42). Le point C est leur *contact*; il se trouve toujours sur la droite AB des centres.

Chacun des deux cercles est tout-à-fait en dehors de l'autre, comme dans la figure 42, et alors *ils se touchent extérieurement;* ou bien, le petit est entouré du grand, comme dans la figure 43, et alors le grand *est touché intérieurement* par le petit. Dans le premier cas, la distance des centres A, B égale la somme des rayons AC, BC; dans le second, elle égale la différence des rayons AC, BC.

54. Lorsqu'au lieu de cercles, ce sont seulement des arcs qui se touchent ou sont tangens l'un à l'autre, on dit quelquefois qu'ils se *raccordent*. C'est d'arcs raccordés que sont formés ordinairement les cintres des ponts, des alcoves, etc. Ces cintres sont dits *surbaissés*, parce qu'ils ont plus de largeur que de hauteur, au lieu qu'un *plein cintre* étant formé par une demi-circonférence, a une hauteur égale à sa largeur. Les cintres surbaissés sont appelés quelquefois *anses de panier* ou *courbes à 3, à 5 centres*, selon qu'ils renferment trois ou cinq arcs de cercle.

Tracer un cintre surbaissé, à trois centres, dont la largeur et la hauteur sont données.

Tirez une droite AB égale à la largeur (P. I, F. 44); élevez une perpendiculaire au milieu de AB (41) et prenez

CD égale à la hauteur du cintre; des points A , C , décrivez, avec AC pour rayon , deux arcs qui se coupent en un point E ; joignez E aux points A , C; rapportez la distance CD sur CE , de C en F , au moyen d'un arc de cercle décrit du point C; joignez D à F et prolongez la droite DF jusqu'à AE ; enfin , par le point d'intersection G , menez GH parallèlement à CE. Vous aurez IG=IA , parce que CE= CA ; vous aurez aussi HG=HD , parce que CF=CD. Vous pourrez donc décrire de I un arc AG , et de H un arc GD. Ces deux arcs se *raccorderont* ou se toucheront en G , attendu que la distance IH de leurs centres sera égale à la différence de leurs rayons HG , IG.

Il faudra ensuite rapporter CI de C en K , au moyen d'un arc dont C soit le centre ; décrire de K , avec KB , un arc sensiblement plus grand que l'arc AG , et enfin continuer l'arc GD, jusqu'à ce qu'il soit touché intérieurement en L , par l'arc qui a son centre en K. Vous aurez formé alors une courbe exempte de *jarrets* qui aura trois centres I , H , K ou qui renfermera trois arcs de cercle AG , GDL, LB. Chacun de ces arcs sera la sixième partie de sa circonférence ou contiendra 60 degrés.

55. Il arrive parfois que , pour soutenir un escalier ou une rampe , on est obligé de construire un cintre dont les extrémités ne soient pas de niveau. La demi-circonférence ne peut être employée dans ce cas ; aussi est-ce une espèce d'anse de panier, nommée *arc rampant* , qui forme alors le cintre.

Tracer un arc rampant composé de deux arcs de cercle.

Tirez une droite AB égale à la largeur que doit avoir l'arcade (P. I , F. 45); élevez au milieu une perpendiculaire CD ; par les extrémités A , B , menez des parallèles à CD ; portez sur l'une , de A en E , la distance du sol à l'extrémité la plus élevée de l'arc , et sur l'autre, de B en F , la distance du sol à l'extrémité la moins élevée. La droite EF ainsi déterminée devra se trouver inclinée comme la ligne de rampe , et le point G où elle rencontrera CD , en sera le milieu. Prenez alors GH=GE ; abaissez de H , sur EF, une perpendiculaire HI ; puis menez par E et par F des parallèles à AB. Les points K , L où ces parallèles rencontreront la perpendiculaire HI , seront les centres des deux arcs du cintre. Vous décrirez donc de K , avec KE pour rayon , un arc de cercle , et de L , avec LF , un second arc. Ces deux arcs se raccorderont en H , parce qu'ils passeront par ce point , et que la distance de leurs centres sera précisément la différence de leurs rayons KH , LH,

Comparaison des Droites.

56. Maintenant que vous connaissez les propriétés es-
sentielles des perpendiculaires et des parallèles, vous êtes
en état d'étudier la comparaison des droites. C'est une
partie fort importante de la Géométrie : on serait souvent
obligé de se livrer à des mesurages longs, fastidieux et dif-
ficiles, si l'on ne savait pas, par les principes, combien de
fois se contiennent des droites placées dans telles ou telles
circonstances.

Vous avez appris déjà que tous les rayons d'un même
cercle sont égaux (5), que tous les diamètres ont même
longueur et qu'il y a aussi égalité entre les cordes d'arcs
égaux pris sur le même cercle ou sur des cercles de même
rayon (14).

Il se présente encore beaucoup d'autres circonstances
qui rendent certain tout d'abord de l'égalité des droites
qu'elles concernent.

Des droites sont égales quand elles se trouvent comprises entre des circonférences *concentriques*, c'est-à-dire de
même centre, et qu'elles font parties des rayons.

Ainsi, les droites DF, EG (P. I. F. 24), comprises
entre deux circonférences concentriques, et dirigées vers le
centre commun B, sont de même longueur ; cela doit être
en effet, car BD=BE, BF=BG, et par conséquent, BD—
BF=BE—BG ou DF=EG.

Voilà pourquoi l'on dit que *deux circonférences concentriques sont partout à la même distance l'une de l'autre.*

57. Une droite AD (P. I, F. 25) qui, sans être perpendiculaire à une autre droite DE, la rencontre ou pourrait la rencontrer, est appelée *oblique*, et le point D de rencontre est dit le *pied* de l'oblique, comme le point B est dit
le pied de la perpendiculaire AB.

*Quand deux obliques ont leurs pieds également éloignés
de la perpendiculaire, elles sont égales ;* c'est-à-dire que
si BD=BE, on a AD=AE.

En effet, AB est alors perpendiculaire au milieu de DE,
et, par conséquent, son point A se trouve à la même distance des extrémités D, E (35).

Réciproquement, *lorsque les obliques AD, AE sont
égales, leurs pieds sont également éloignés de celui de la
perpendiculaire qui part du même point A*, ou ce qui est
la même chose, les droites BE, BD sont également longues.

Le niveau de maçon est composé de deux obliques égales

AB, AC (P. I, F. 46), d'une traverse DE qui rend cons-
tant leur écartement, et d'un fil-à-plomb dont le point d'attache est près de A sur la direction de la perpendiculaire au
milieu de BC. Un trait *indicateur*, fait sur la traverse, se
trouve dans la même direction ; de sorte qu'au moment où
le fil couvre l'indicateur, il est perpendiculaire à BC. Cette
droite BC ou celle sur laquelle est posé le niveau, est donc
alors horizontale, puisqu'elle rencontre d'équerre la verticale du fil-à-plomb.

Il est bon d'observer que rien ne nécessite l'égalité des
règles AB, AC ; elles peuvent être inégales, pourvu que le
point d'attache du fil et le trait indicateur soient sur une
perpendiculaire à BC.

58. Lorsque deux tangentes au même cercle se coupent,
il y a égalité entre leurs parties mesurées du point d'intersection aux points de contact. Ainsi, AE=AG (P. I, F.39);
et cela doit-être effectivement, car les arcs BE, BG
sont égaux, ayant pour cordes des rayons du cercle B ; par
suite, les arcs AG, AE, restes de deux demi-circonfé-
rences, sont aussi égaux, et leurs cordes AG, AE ont
même longueur.

59. Une droite se trouve divisée en deux parties égales,
quand elle est rencontrée ou coupée par une perpendiculaire
élevée en son milieu. Il suffit donc pour *diviser une droite
en deux parties égales* d'exécuter le tracé du n°. 41.

Mais, ce procédé ne serait plus praticable, si la droite à
diviser était très-longue. Il faudrait alors recourir à un double mesurage, et dans le cas où quelque obstacle s'y op-
poserait, employer les moyens suivans.

Supposons que A et B (P. I. F. 47) soient les deux extrémités d'une des limites d'un champ, qu'on ait à planter
une borne au milieu de AB, pour diviser le terrain en deux
portions égales, et qu'une flaque d'eau située près de A empêche de mesurer. Vous planterez un premier jalon en A,
un second en B, un 3ᵉ en un point 3 quelconque par lequel vous dirigerez un alignement 3. 4 parallèle à AB (47),
un 5ᵉ sur l'alignement 4. 2, un 6ᵉ à la rencontre des alignemens 4. 1 et 3. 2, un 7ᵉ sur l'alignement 3. 1, un 8ᵉ sur
l'alignement 2. 1, un 9ᵉ à la rencontre des alignemens 4. 5
et 3. 7, un 10ᵉ enfin à la rencontre des alignemens 2. 8 et
9. 6. Ce 10ᵉ jalon marquera le point milieu de AB.

L'emploi des alignemens qui se rencontrent ou se croisent
trois à trois, comme dans l'opération précédente, constitue la méthode *des transversales ;* elle est remarquable

pour sa simplicité, pour les difficultés qu'elle fait vaincre facilement, sans autres instrumens que des perches, et pour son uniformité qui la grave promptement dans la mémoire. Vous verrez en effet que la figure 47 se reproduit, avec peu de différence, dans toutes les applications de cette méthode.

Mais observez que pour arriver à des résultats exacts par les transversales, il faut que les alignemens soient pris avec beaucoup de soin, que les jalons soient bien droits et plantés verticalement : leur position doit même être vérifiée au fil-à-plomb. Du reste, il est aisé d'en diminuer le nombre, car si vous avez deux aides, vous pourrez vous dispenser de planter les jalons 5, 7, 8 : l'un des aides se placera sur l'alignement 4.2, par exemple, l'autre sur l'alignement 3.1, et par des signes de main, ils vous feront placer le jalon 9 à l'intersection de ces deux alignemens. Le secours de deux aides abrège donc beaucoup l'opération ; on peut dire aussi qu'il diminue les causes d'erreur. Un moyen de les diminuer encore davantage, c'est de figurer à l'avance les alignemens sur le papier, d'y numéroter leurs intersections, et de donner aux jalons les numéros correspondans du croquis.

60. La même perpendiculaire qui divise la corde d'un arc en deux parties égales, divise aussi cet arc de la même manière. Si donc il s'agit de *trouver le milieu de l'arc de cercle* AB (P. I, F. 48), vous exécuterez le tracé du n°. 41, c'est-à-dire que, sans tracer la corde, vous décrirez des extrémités A, B, deux petits arcs qui se coupent au-delà de AB, en un point C, et deux autres petits arcs qui se coupent en-deçà de AB en un point D. Joignant C à D, vous aurez le milieu de l'arc AB au point E où le coupera la droite CD perpendiculaire au milieu de la corde.

Il resterait à déterminer le milieu de BE et celui de AE, si l'on voulait diviser l'arc AB en quatre parties égales.

C'est le même procédé qu'il faut employer pour *trouver le centre d'un cercle tracé*, car ce centre est aussi, comme le milieu de l'arc, sur la perpendiculaire au milieu de la corde. Marquez donc deux points A, B sur la circonférence (P. I, F. 49) et tracez la droite CD qui divise l'arc AB en deux parties égales ; prenez un 3e point E et tracez la droite FG qui passe par le milieu de l'arc BE ; le centre des deux arcs et du cercle se trouvera au point H intersection des droites CD, FG perpendiculaires aux milieux des cordes.

Pour rendre la position du point H plus distincte, il

convient de choisir les trois points A , B , E de manière que CD, FG soient à-peu-près d'équerre. On y parvient en prenant E de façon que la corde BE paraisse d'équerre sur la corde AB.

Si vous aviez seulement les trois points A , B , E d'un cercle non tracé , vous trouveriez par les mêmes opérations le centre H du cercle qui passerait par ces trois points , et pour décrire ce cercle , il ne vous resterait plus qu'à prendre , comme rayon , la distance AH , ou BH, ou EH. Ces trois distances sont effectivement égales , car H étant un point de la perpendiculaire au milieu de la corde AB , est également éloigné de A et de B ; appartenant à la perpendiculaire au milieu de la corde BE , il est également éloigné de B et de E. Vous savez donc *faire passer un cercle par trois points donnés.* Bien entendu que ces trois points doivent ne pas se trouver sur la même ligne droite.

61. Comme l'arc d'indication AC d'un angle ABC a son centre au sommet B (P. I , F. 5o), la perpendiculaire BD au milieu de la corde , doit passer par ce sommet ; de plus , elle divise l'angle en deux parties égales , puisqu'elle en forme deux ABD , DBC qui ont des arcs d'indication égaux. C'est donc par la division en deux parties égales de la corde d'un arc qu'on fait la même division sur un angle.

Soit , par exemple , l'angle ABC à diviser en deux parties égales. Du sommet B , vous décrirez avec un rayon arbitraire , un arc AC , ou vous en marquerez seulement les deux extrémités A , C ; puis vous décrirez de ces points deux arcs qui se coupent en un point D situé au-delà de AC , s'il est possible , et vous joindrez D à B. La droite BD vous donnera les deux angles ABD , DBC qui seront égaux , parce que leurs arcs d'indication AE, EC auront même longueur.

La droite qui divise un angle en deux parties égales , se nomme *bisectrice* de cet angle. Elle est le lieu où se trouvent tous les points également éloignés chacun des deux côtés de l'angle. Ainsi , les perpendiculaires FG, FH abaissées d'un point quelconque F de la bisectrice BD sur les côtés de l'angle , sont de même longueur.

62. Des droites AB, AC, AE (P. I, F. 51) qui se rencontrent ou se coupent au même point A , sont nommées *concourantes*, pour abréger.

Si vous avez reconnu que des parallèles FG, HI, DE divisent une concourante AD en parties égales , vous pouvez être certains qu'elles divisent toutes les autres AB, AE de la même manière.

Réciproquement, lorsque des droites FG, HI, DE divisent des concourantes AD, AE en parties égales, elles sont parallèles.

De là, un moyen de *diviser en parties égales une droite AB donnée sur le papier ou sur le terrain.* Supposons qu'on veuille trois parties.

Tracez, par une des extrémités, une droite quelconque AC et portez dessus trois fois une longueur telle que la somme AD des trois parties soit sensiblement plus longue que AB; joignez D à B et décrivez de A, avec AD, un arc qui aille couper le prolongement de DB; joignez à A le point E où se fait l'intersection; vous aurez AE=AD, et par conséquent, vous pourrez porter exactement sur AE les trois parties de AD. Si maintenant vous unissez les points de division F et G, H et I par des droites, elles seront parallèles, puisqu'elles partageront les concourantes AD, AE en parties égales, et les divisions AK, KL, LB formées par ces parallèles sur AB, seront égales, puisque AB concourt au même point que AD, AE.

63. *Des parties de parallèles AB, CD* (P. I, F. 52) *comprises entre des parallèles AC, BD, sont égales.*

Cela est vrai pour les perpendiculaires AE, CF, puisqu'elles sont parallèles, que les parallèles AC, BD sont partout à la même distance, et que AE, CF sont les distances des points A, C à la droite BD.

Mais, l'angle GAE = GCF, ce sont des angles droits; l'angle GAB = GCD, ils sont correspondans. Par conséquent, BAE = DCF, et si l'on place CF sur son égale AE, CD couvrira AB, FD couvrira EB, puisque les angles E, F sont droits, et le point D tombera sur B. Ainsi, AB et CD, parties de parallèles obliques, sont égales, comme AE et CF.

Il est vrai aussi que des droites AB, CD qui comprennent entre elles des parties égales de parallèles AC, BD sont parallèles et égales.

64. Les parallèles et les concourantes qu'elles coupent, ont des relations plus générales que celles du n° 62. D'abord, les parties AB, BC d'une concourante se contiennent autant de fois que les parties AD, DE d'une autre (P. I, F. 53). Si, par exemple, BC est contenu 2 fois dans AB, DE sera contenu 2 fois dans AD. En effet, par le point

F milieu de AB, menons FG parallèle à BD; AE sera divisé en trois parties égales aux points D, G, comme AC aux points B, F (62), et il sera évident que DE est moitié de AD, comme BC est moitié de AB.

En second lieu, les parties AC, AB, prises sur une concourante, depuis les parallèles jusqu'au point de concours, se contiennent comme les parties AE, AD, prises de la même manière, sur une autre concourante. Vous voyez effectivement que AB comprend les $\frac{2}{3}$ de AC, et que AD comprend les $\frac{2}{3}$ de AE.

En troisième lieu, les parties de parallèles CI, BH ou CE, BD se contiennent comme les parties correspondantes AC, AB d'une concourante quelconque, et la partie de parallèle CI est contenue dans la partie de concourante AC, comme BH est contenue dans AB.

Enfin, les parties de parallèles CI, BH se contiennent comme les parties IE, HD ou comme les parties CE, BD. Cela résulte de ce que CI, BH se contiennent comme IA, HA, et de ce que IE, HD se contiennent aussi comme IA, HA.

Réciproquement, si une de ces 4 relations a lieu, les droites qui coupent les concourantes sont parallèles.

Il suit de la quatrième, que si une des parallèles est divisée en parties égales par des concourantes, toutes les autres parallèles le seront aussi.

65. C'est sur les relations des concourantes et des parallèles qu'est fondée la construction de *l'angle de réduction* et de *l'échelle des parties*.

L'angle de réduction est utile pour copier en petit un tracé, un dessin exécuté en grand; il fait éviter des mesurages et des calculs fort longs.

Voulez-vous, par exemple, réduire au tiers, c'est-à-dire donner aux lignes de la copie seulement le tiers de la longueur des lignes correspondantes du modèle? tirez une droite AB (P. I, F. 54); portez-y trois fois une longueur quelconque de A en C; décrivez du même point A et avec AC pour rayon, un arc CD dont la corde soit sensiblement plus grande qu'une des trois parties de AD; de C, avec une de ces parties, décrivez un second arc qui coupe le premier, et joignez l'intersection E au point A.

Il est tout aussi facile de se servir de l'angle de réduction BAE que de le construire. Pour réduire au tiers la droite FG, par exemple, vous la porterez de

A en G' (*), et de la même ouverture de compas, vous marquerez un point G" sur AE; la distance G'G" sera le ties de FG.

En effet, la droite qui joindrait G' et G" serait parallèle à la corde CE, puisque AC contient AG' comme AE contient AG"; par suite cette droite G'G" est le tiers de AG', comme CE est le tiers de AC.

Il est visible que pour réduire au quart, au cinquième, il faudrait former un autre angle, en portant quatre, cinq parties égales sur AB.

66. Une *échelle* est une droite divisée qu'on place sur le papier pour construire en petit un tracé dont les lignes ont été mesurées. Chacune des parties égales de l'échelle répond à l'unité de mesure ou à un certain nombre de ces unités. Si, par exemple, les parties sont des centimètres réels, chacun de ces centimètres représentera soit un mètre réel, soit 10 mètres, etc.; pour faire sur le dessin une droite qui sur le terrain aurait 50 mètres, on prendrait, dans le premier cas, 50 parties ou centimètres de l'échelle, et le tracé serait *au centième*, puisqu'un centimètre est le centième d'un mètre; dans le second cas, on prendrait seulement 5 parties de l'échelle, et le tracé serait *au millième*, parce que un centimètre est la millième partie de 10 mètres.

Mais, outre ses parties principales, une échelle doit en présenter encore d'autres qui donnent les dixièmes et quelquefois les centièmes de son unité, ou qui permettent de réduire exactement et aisément les dixièmes, les centièmes de l'unité de mesure. Si cette unité est le mètre, il faut que l'échelle donne réduits les décimètres, les centimètres; et souvent la longueur qui représente le mètre, n'est pas assez grande pour qu'on y marque distinctement et avec exactitude, même les parties représentatives des décimètres. C'est ce qui arrive notamment lorsqu'on adopte le millimètre pour mètre ou que le dessin doit être au millième. Dans un tel cas, on construit sur le millimètre, ce qu'on appelle l'*échelle des parties*, au moyen de laquelle on peut prendre exactement et facilement les décimètres réduits, et approximativement les centimètres.

Soit AB la partie de l'échelle qui présente le mètre (P. I, F. 55). Par les points A, B, vous tracerez deux pa-

---

(*) G' se prononce G *prime*, G" se prononce G *seconde*, G‴ se prononce G *tierce*, G^{iv} se prononce G *quarte*.

rallèles : on les fait ordinairement perpendiculaires à AB. Sur chacune, vous porterez 10 fois une longueur arbitraire, aussi grande que le permettra la place destinée à l'échelle; vous numéroterez les points de division, en partant de AB ; vous joindrez par des droites les points de même numéro, et enfin vous tirerez une droite de A au point 10 de B 10.

Les droites AB, 1.1, 2.2, 3.3, etc. sont parallèles et égales, puisqu'elles renferment entre elles des parties égales de parallèles (63). Par conséquent, 1C est le dixième de 10. 10 ou de AB, comme A1 est le dixième de A 10; 2D vaut deux dixièmes de 10. 10 ou de AB, comme A2 vaut deux dixièmes de A10; 9E vaut neuf dixièmes de AB, comme A9 vaut neuf dixièmes de A10. De même, à partir des numéros de B10, $1C = \frac{9}{10}$, $2D = \frac{8}{10}$, $9E = \frac{1}{10}$. Vous voyez que pour pouvoir prendre ces dixièmes avec exactitude, il faut rendre A10 le moins oblique qu'il est possible sur les parallèles 1.1, 2.2, etc., ou prendre A 10, B 10 aussi longues qu'on le peut; car le véritable point d'intersection de deux droites se distingue d'autant plus aisément que ces droites sont plus près d'être d'équerre.

Ordinairement, l'échelle d'un dessin, d'un plan a deux parties : l'une dont les divisions donnent les unités réduites, par groupes de 5, de 10, etc.; l'autre dont les divisions donnent chacune une seule unité. Les divisions de la première sont numérotées 0, 5, 10, etc. ou 0, 10, 20, etc, de gauche à droite; celles de la seconde sont numérotées 0, 1, 2, 3, etc, de droite à gauche, et à chacune de ces divisions est adaptée une échelle des parties, comme le représente la figure 56 (P. I). De plus, les dix parallèles communes à ces échelles des parties, sont continuées jusqu'au bout de l'échelle principale et arrêtées à une droite 10.10, par exemple, menée par l'extrémité 10, parallèlement aux obliques 5. 5, 4. 4, etc. Une parallèle aux mêmes obliques est aussi tirée par tous les autres points de division 0, 5, etc. de l'échelle principale, et chaque oblique reçoit à son extrémité inférieure le même numéro qu'à son extrémité supérieure. Les parallèles à l'échelle principale sont aussi numérotées de la même manière au deux bouts.

C'est des obliques et des parallèles à l'échelle principale qu'on se sert le plus souvent. Voulez-vous, par exemple, prendre une longueur réduite de 11^m, 45 ? Comme elle renferme 4 dixièmes de mètre, vous posez l'une des pointes du compas à l'extrémité de droite de la parallèle 4, 4, et l'autre à l'intersection de cette parallèle et de la perpendi=

culaire 1.2; vous avez alors exactement 11^m,4; car il y a 10^m du point 4 de droite au point A, comme de 10 à 0 sur l'échelle principale; il y a 1^m de A à B et 4 décimètres de B à C. Pour avoir les 5 centimètres, vous augmenterez un peu l'ouverture de compas, de manière à prendre à gauche de C, la moitié de 1D, attendu que 5 centimètres forment la moitié de 1 décimètre. Cette moitié de 1D s'estime à vue.

Supposons que vous ayez à faire sur le dessin, une droite qui ait sur le terrain, 7^m, 80. Vous chercherez sur la dernière oblique, marquée ici 10.10, le n° 8 qui est égal au nombre des décimètres; vous poserez l'une des pointes du compas à l'intersection de la parallèle 8.8 et de l'oblique qui est numérotée 5 sur l'échelle principale, parce qu'il n'y a qu'une fois 5 dans 7; vous placerez l'autre pointe à l'intersection de la même parallèle et de la perpendiculaire qui est numérotée 2 sur l'échelle principale, attendu que 5 et 2 font 7, et vous aurez une ouverture de 7^m,80. Ainsi, les décimètres de la longueur à prendre indiquent la parallèle; les mètres, comptés sur l'échelle principale, indiquent l'oblique d'où il faut partir et la perpendiculaire à laquelle on doit s'arrêter.

67. Lorsqu'on élève une perpendiculaire en un point quelconque A d'un diamètre BC (P. I, F. 57) et qu'on prolonge cette perpendiculaire AD jusqu'à la circonférence, d'un seul côté, on a trois droites AB, AD, AC qui jouissent d'une relation remarquable : la petite partie AB du diamètre est contenue dans la perpendiculaire AD, autant de fois que cette même perpendiculaire est contenue dans la grande partie AC du diamètre. La perpendiculaire AD est dite, pour cette raison, *moyenne proportionnelle* entre les deux parties du diamètre.

Les problêmes de Géométrie conduisent assez souvent à *chercher la moyenne proportionnelle de deux droites données*.

Pour faire ce tracé, vous tirerez une droite BC sur laquelle vous porterez les deux droites données b, c (*) : la première de B en A, la seconde de A en C; puis vous chercherez le milieu de AC, par le procédé du n° 41; de ce milieu E, avec la moitié de BC pour rayon, vous décrirez une demi-circonférence, et au point A jonction des deux droites données, vous élèverez une perpendiculaire sur BC ou vous menerez une parallèle à FG, jusqu'à la rencontre

(*) b se prononce *petit b*; c se prononce *petit c*.

de la demi-circonférence, en D. Cette perpendiculaire ou parallèle AD sera la moyenne proportionnelle cherchée ; c'est-à-dire qu'elle contiendra AB ou *b* comme elle sera contenue dans AC ou *c*.

Mesurage des droites.

68. Chacun sait mesurer grossièrement une ligne droite, quand la mesure peut y être appliquée d'un bout à l'autre ; mais peu de personnes se font une juste idée de la difficulté qu'on éprouve pour mesurer une droite très-exactement. Cette difficulté est telle que rarement on obtient la même longueur, en recommençant l'opération. Aussi, dans tous les cas où une grande exactitude est nécessaire, faut-il ne s'en tenir ni au premier, ni au second mesurage : on doit mesurer trois, quatre et même cinq fois, avec toute la précision possible, additionner toutes les longueurs trouvées et diviser leur somme par leur nombre. Le quotient donne une *longueur moyenne* souvent moins inexacte qu'aucune des autres, à cause d'une espèce de compensation qu'a opérée le calcul, entre les erreurs en plus et les erreurs en moins.

Supposez que la vraie longueur d'une droite soit $4^m,358$ et que vous l'ayez trouvée de $4^m,359$ par un premier mesurage, de $4^m,357$ par un deuxième, de $4^m,3585$ par un troisième. La somme de ces 3 longueurs est $13^m,0745$. Divisant par 3, vous obtenez $4^m,3581$ pour longueur moyenne et vous n'avez plus qu'un seul dixième de millimètre d'erreur, tandis que l'erreur serait d'un millimètre ou d'un demi-millimètre en plus, si vous vous en teniez au premier ou au troisième mesurage, et d'un millimètre en moins, si vous adoptiez le second.

A la vérité, toutes les erreurs pourraient être en plus ; vous auriez pu trouver, par exemple, $4^m,359$ la 1re fois, $4^m,3586$ la 2e fois, $4^m,3585$ la 3e fois, et dans ce cas la longueur moyenne $4^m,3587$ serait plus inexacte que les deux dernières ; mais elle le serait moins que la première, et dans l'ignorance où vous êtes de la vraie longueur d'une droite que vous mesurez, il est possible que vous regardiez comme le meilleur, le mesurage le plus mauvais. Mieux vaut certainement s'exposer à faire une erreur de quelque peu supérieure à la plus faible, que de risquer d'en commettre une égale à la plus forte. Ainsi, lors même que toutes les erreurs sont en plus, c'est encore un parti sage que de prendre la moyenne des longueurs trouvées, et cette conclusion

---

---

(48)

est évidemment applicable au cas où toutes les erreurs sont en moins.

Pour éviter de faire des marques toujours causes d'inexactitude, il convient d'employer deux mesures rigoureusement égales, quand il s'agit de déterminer avec une grande précision la longueur d'une ligne droite. On les pose bout à bout, en évitant de les heurter l'une contre l'autre et de laisser le moindre intervalle entre elles. Si l'unité, le mètre par exemple, n'est pas contenu un nombre exact de fois dans la longueur, on mesure la partie restante avec le décimètre, le centimètre et même le millimètre.

69. Il y a plusieurs cas à considérer dans le mesurage des droites sur lesquelles la mesure ne peut être appliquée : ces droites sont horizontales ou verticales ou inclinées, et dans chacune de ces positions, une au moins de leurs extrémités a des abords qui permettent d'y opérer, ou bien ni l'une ni l'autre n'en laisse la facilité.

Mesurer la longueur horizontale d'une pente AB (P. II, F. 1).

Trois personnes sont nécessaires pour cette opération : deux placent et maintiennent la mesure, le quadruple mètre par exemple; la 3e manie le niveau de maçon (57).

Plantez un jalon en A et un autre en B; posez une des extrémités de la mesure en A, et dirigez cette mesure dans l'alignement AB, puis haussez ou baissez l'autre extrémité jusqu'à ce que le niveau montre que la droite est horizontale. Appliquez alors à cette extrémité un fil-à-plomb et marquez sur le terrain le point C qu'il indique. Ensuite, placez en C le bout de la mesure qui était en A, dirigez cette mesure dans l'alignement CB, haussez ou baissez l'autre bout, jusqu'à ce que le niveau montre que le quadruple mètre est horizontal, appliquez le fil-à-plomb à ce bout, et continuez toujours ainsi jusqu'en B.

Lorsque le terrain est accidenté, il est possible qu'un des points donnés par le fil-à-plomb, se trouve dans un creux, comme en D, par exemple. Il faut alors planter un jalon en D, le rendre vertical au moyen du fil-à-plomb, et appliquer un des bouts de la mesure contre ce jalon, afin de pouvoir la placer horizontalement au-dessus de la saillie E.

Il est visible que le nombre de fois qu'on pourra porter ainsi la mesure sur la pente, donnera la vraie longueur de la droite horizontale AB' ou BA'.

Si l'on n'a pas besoin d'une grande exactitude, on peut

se contenter du coup d'œil pour placer la mesure horizontalement, et remplacer le fil-à-plomb par un petit cailloux qu'on laisse tomber de l'extrémité d'où doit partir une verticale. Ceux qui mesurent avec la chaîne d'arpenteur, agissent ainsi ; seulement, au lieu de laisser tomber une pierre, ils laissent tomber une fiche qu'ils plantent ensuite. Auparavant, la chaîne doit être fortement tendue, afin que l'erreur qui résulte de la courbure causée par le poids, soit très-petite.

Ce sont ces moyens qu'il faut employer pour mesurer toutes les distances horizontales qu'on peut parcourir, quand le terrain est raboteux ou en pente.

70. *Mesurer la distance horizontale de deux points A, B séparés par une rivière* (P. II, F. 2).

Plantez un premier jalon sur l'alignement AB, un second jalon hors de cet alignement, un 3ᵉ sur l'alignement B 2 et peu éloigné du 2ᵉ, un 4ᵉ à la rencontre des alignemens A 2 et 1.3, un 5ᵉ sur l'alignement 1.2, un 6ᵉ sur l'alignemement A 3, un 7ᵉ à la rencontre des alignemens 5.2 et 6.3, enfin un 8ᵉ à la rencontre des alignemens 4.7 et AB (59). Mesurez ensuite la longueur A 8 et la longueur 8.1 ; faites la somme de ces deux longueurs ; multipliez-la par la plus petite A.8 et divisez le produit par l'excès de 8.1 sur A 8. Le quotient sera la distance de A à B.

Cette règle est fondée sur ce que 1.8 contient 8 A autant de fois que 1 B contient AB ; car il s'en suit que 1.8—8 A contient 8 A comme 1 B—AB ou 1 A contient AB, et que la règle de trois est applicable au calcul de cette dernière longueur.

Si, par exemple, A 8=4 mètres et que 8.1=6 mètres, la somme A 8+8.1 sera 10ᵐ, la différence 8.1—A 8 sera 2ᵐ, et vous aurez $AB = \frac{10^m \times 4}{2} = \frac{40^m}{2} = 20^m$.

Ce procédé s'applique à tous les cas où B est visible de A et où l'on ne peut pas cheminer en ligne droite de A jusqu'à B. Vous pouvez, par exemple, l'employer pour mesurer la largeur d'une rivière : vous choisirez alors un point remarquable B sur le bord qui vous est opposé, puis un point A sur le bord où vous êtes, de manière que la droite BA soit à très-peu près d'équerre avec les deux rives (P. II, F. 3).

71. *Mesurer la distance horizontale de deux points A, B séparés par un bois* (P. II, F. 4).

Comme le bois empêche de voir le point B quand on est au point A , il n'y a pas moyen de planter un jalon sur l'alignement AB. Le procédé qui précède n'est donc pas applicable; du moins il doit être modifié.

Plantez un premier jalon en un point d'où vous puissiez voir à la fois A et B; puis un 2ᵉ et un 3ᵉ jalon dans l'alignement A1 , un 4ᵉ dans l'alignement B 2 , un 5ᵉ à la rencontre des alignemens B 1 et 3.4 , un 6ᵉ dans l'alignement 5.2 , un 7ᵉ dans l'alignement 1.4 , un 8ᵉ à la rencontre des alignemens 6.2 et 7.4 , un 9ᵉ dans l'alignement A 5 , un 10ᵉ à la rencontre des alignemens 9.5 et 3.8 , un 11ᵉ à la rencontre des alignemens 1.10 et 3.5. Ce 11ᵉ jalon se trouvera nécessairement sur l'alignement BA. Mettez ensuite un 12ᵉ jalon dans l'alignement 11A , et enfin un 13ᵉ à la rencontre des alignemens 12A et 3.10. Il ne vous restera plus qu'à mesurer les distances A 13 et 13.11 pour les employer comme précédemment : vous multiplierez leur somme par la plus petite et vous diviserez le produit par leur différence.

Si , par exemple , A13$=5^m$ et que 13.11$=5^m,04$, vous trouverez que AB$=\frac{10^m,04\times 5}{0,04}=\frac{50^m,20}{0,04}=1255^m.$

Ce procédé s'applique à tous les cas où il s'agit de mesurer la distance horizontale de deux points dont l'un est invisible de l'autre.

72. Ce serait absolument la même figure qu'il faudrait faire et répéter , pour *prolonger une droite AB au delà d'un obstacle qui ne permettrait pas de s'aligner sur les points A , B* (P. II , F, 5).

Prolonger AB au delà d'un pareil obstacle , revient à déterminer , au delà de cet obstacle , deux points qui soient situés sur l'alignement AB.

Plantez un 1ᵉʳ et un 2ᵉ jalon sur un alignement 2. 1 que n'interrompe point l'obstacle , et plus rapprochés entre eux que A, B; placez un 3ᵉ jalon à l'intersection des alignemens B2 et A1 , un 4ᵉ sur l'alignement B1 , un 5ᵉ à la rencontre des alignemens 4B et 2A , un 6ᵉ à l'intersection des alignemens 2.4 et 3.5 , un 7ᵉ à la rencontre des alignemens 1.6 et 2A , un 8ᵉ enfin à la rencontre des alignemens 1.2 et 4.7. Le point 8 , ainsi déterminé , sera sur le prolongement de AB.

Pour obtenir un 2ᵉ point , vous répéterez à droite de AB , le jalonnement qui vient d'être fait à gauche , en prenant toutefois la précaution de placer les deux premiers jalons de manière que leur alignement laisse à droite de l'opérateur, l'obstacle et le point 8 déjà trouvé.

73. Vous feriez encore une figure analogue à celle du n° 71, si vous aviez à *déterminer une direction qui dût passer par un point A et concourir avec deux autres directions BC, DE dont le point de rencontre fût invisible* (P. II, F. 6).

Vous planteriez un 1er jalon au point A, un 2e et un 3e sur BC, un 4e sur DE, un 5e à la rencontre de DE et de l'alignement 2A, un 6e à la rencontre des alignemens 4.3 et 5.2, un 7e à l'intersection des alignemens 2.4 et 3.5, un 8e à celle des alignemens 3A et 7.6, un 9e enfin à celle des alignemens 4.6 et 8.2. Les deux jalons 1 et 9 détermineraient un alignement qui, s'il était prolongé, passerait par le point de concours de BC et de DE.

Ce jalonnement peut être converti en un tracé propre à la même opération sur le papier. Si BC, DE sont deux droites qui vont se couper hors de la feuille, et qu'il faille par le point A tracer une 3e droite qui concoure au même point que les deux premières, vous couperez BC, DE par deux concourantes quelconques 2.6 et 3.6 dont l'une passe par A; vous ferez le croisement 7, en tirant les droites 2.4 et 3.5; vous joindrez les points 6 et 7, en prolongeant la droite 6.7 jusqu'à BC; enfin vous tirerez 3.A pour marquer le point 8, et 2.8 pour marquer le point 9. La droite A9, ainsi déterminée, passerait par le point où se couperaient BC et DE, si ces trois lignes pouvaient être prolongées.

74. *Mesurer la distance horizontale de deux clochers A, B situés au-delà d'une rivière* (P. II, F. 7).

Plantez un jalon C sur l'alignement AB; mesurez la distance CA et la distance CB par le procédé du n° 70; puis retranchez CA de CB; la différence sera la distance AB cherchée.

Ce moyen s'applique à tous les cas où il s'agit de mesurer la distance horizontale de deux points près desquels on ne peut opérer, mais dont il est possible de voir l'alignement: par exemple, deux clochers entourés de maisons.

75. *Mesurer la distance horizontale de deux clochers A, B fort éloignés de l'opérateur* (P. II, F. 8).

Si l'éloignement où vous êtes des clochers vous empêche de vous porter sur leur alignement, vous planterez un jalon en un point C d'où vous puissiez voir A et B, puis vous mesurerez CA et CB par le procédé du n° 70. Supposons que la distance CA soit de 1800 mètres et que la distance CB soit de 2025^m. Vous planterez, sur ces alignemens, des jalons D, E, de manière que les distances CD, CE forment la même fraction de CA et de CB, le centième par exemple ; et pour cela vous porterez 18 mètres sur CA à partir de C, puis 20^m,25 sur CB aussi à partir de C. Alors la droite DE se trouvera parallèle à la droite AB et en sera aussi la centième partie (64). Mesurez donc DE et multipliez sa longueur par 100, vous aurez pour produit la distance AB. Si, par exemple, DE contient 12^m, AB en contiendra 1200 ; dans le cas où CD serait le millième de CA et CE le millième de CB, DE serait aussi la millième partie de AB, et pour avoir cette distance AB, il faudrait multiplier par 1000 la longueur de DE.

C'est ainsi qu'il faut opérer toutes les fois qu'il s'agit de mesurer la distance horizontale de deux objets dont on ne peut approcher et sur l'alignement desquels on ne saurait se placer : par exemple, les sommets de deux hautes montagnes, deux villages situés sur les versans opposés d'une côte.

76. *Mesurer la hauteur d'un clocher* (P. II, F. 9).

Plantez bien verticalement deux jalons CD, EF, dans un terrain de niveau et sur un alignement CG dirigé vers l'axe AB de la tour ; visez le sommet A par l'extrémité du plus petit ; faites marquer le point H où l'alignement DA coupe le grand jalon ; mesurez les verticales CD, EH, les horizontales CE, EG et la distance GB du point G à l'axe de la tour ; cherchez l'excès de EH sur CD et la somme de CE, EG, GB ; puis divisez l'excès de EH par CE. Si vous avez mesuré au mètre, par exemple, le quotient sera l'excès sur CD d'un jalon qui serait planté à un seul mètre du point C ; ce quotient vous fera connaître ce qu'on appelle la *pente* de la droite DA, car il vous indiquera de combien cette droite s'élève verticalement par mètre de distance horizontale. Par conséquent, pour savoir de combien la même droite s'élève de D en I, ou pour déterminer la hauteur AI, vous n'aurez plus qu'à multiplier le quotient par la distance horizontale DI ou CB. Ajoutant enfin à IA la longueur du jalon CD, vous trouverez la hauteur AB, c'est-à-dire l'élévation du point A au-dessus de l'horizontale CE.

Supposons que CD=1^m,66, CE=3^m, EH=3^m,16, EG=

$262^m,68$ et que $GB=15^m$. L'excès de EH sur CD sera de $1^m,50$; la somme de CE, EG, GB sera de $280^m,68$; la pente de DA sera de $0^m,50$ par mètre, puisque $1^m,50$ divisé par 3 donne $0^m,5$; AI égalera $0^m,50 \times 280^m,68$ ou la moitié de $280^m,68$ ou $140^m,34$; et l'on aura $AI+CD=AB=140^m,34+1^m,66=142^m$. Cette hauteur est précisément celle du clocher de Strasbourg, l'édifice le plus élevé de l'Europe.

Ce procédé, simple, prompt et suffisamment exact, est propre au mesurage de la hauteur de tout édifice, des arbres sur pied, et en général de tous les objets qu'on peut approcher. Quand il s'agit d'arbres, on ne peut mesurer BG; mais, comme cette longueur est celle du rayon du tronc pris à fleur de terre, on emploie pour la trouver, le moyen qui sert à déterminer le rayon d'un cercle (21).

Observez que la main d'un homme ne pouvant pas toujours atteindre à la hauteur du point H, il convient d'adapter au grand jalon, un objet quelconque qui serve d'*indicateur*, qu'on puisse faire monter ou descendre à l'aide d'une perche terminée en crochet, et qui conserve bien sa position. Une feuille de carton ou de papier traversée par le jalon, suffit pour former un tel indicateur.

77. *Mesurer la hauteur AB d'une montagne* (P. II, F. 10).

La hauteur d'une montagne est celle de la verticale AB qui part du sommet A et vient rencontrer le terrain de la plaine au point B dont on ne peut approcher. Pour la déterminer, il faut, comme dans le cas précédent, aligner deux jalons CD, EF sur le sommet A, et diviser par la distance horizontale CE, l'excès de la hauteur verticale EH sur le petit jalon, afin d'avoir la pente de DA. Cela fait, on mesure l'horizontale CB ou l'horizontale AK. Vous emploierez pour cela le procédé du n° 70, en vous alignant sur le sommet A; il est plus court que celui du n° 69, et d'ailleurs, si la montagne est fort escarpée, ce dernier est impraticable. Enfin, le produit de la pente multipliée par la distance CB, fait connaître l'élévation de A au-dessus de l'horizontale DI, et pour avoir AB, il ne s'agit plus que d'ajouter à AI, la longueur CD du petit jalon.

C'est ainsi qu'on peut mesurer la hauteur verticale de tout objet dont on ne saurait approcher, ou dans l'intérieur duquel il est impossible de pénétrer.

78. *Mesurer la longueur d'une pente AB qu'on ne peut parcourir* (P. II, F. 11).

Mesurez la distance horizontale BC par le procédé du n° 70 et la hauteur AC par le procédé du n° 77 ; puis, tracez sur un terrain uni deux droites d'équerre, comme AC et BC ; portez sur l'une, de *c* en *a*, autant de centimètres ou de millimètres que CA contient de mètres, et sur l'autre, de *c* en *b*, autant de centimètres ou de millimètres que CB contient de mètres. Tracez ensuite la droite *ab*, et mesurez-la en centimètres ou en millimètres ; autant elle en contiendra, autant la droite inclinée AB contiendra de mètres.

Si, par exemple, AC $= 40^m,36$ et que BC $= 182^m,50$, vous prendrez *ac* de $0^m,4036$ ou à très-peu près de 403 millimètres et demi, centième partie de AC, et *bc* de $1^m,825$, centième partie de BC. Alors *ab* sera aussi la centième partie de AB, et comme vous trouverez que *ab* $= 1^m,869$, vous en conclurez que AB $= 186^m,90$ à fort peu près.

Mais, il est plus simple et plus exact de calculer la longueur de AB au moyen du procédé du n° 203. Il vous donnera pour cette longueur $186^m,909$.

FACES DES CORPS.

79. De même que les arêtes des corps sont droites ou courbes, leurs faces sont planes ou courbes.

Une face est *plane* quand la règle peut y être appliquée dans tous les sens et sur toute sa longueur : le tableau noir, un plancher bien fait, le côté poli du dessus de marbre d'un meuble sont des faces planes.

Une face est *courbe* lorsque la règle ne peut pas s'y appliquer sur toute sa longueur, dans tous les sens : la voûte d'une cave, celle d'un pont, celle d'un four sont des exemples de faces courbes : la règle ne peut toucher les deux premières sur toute sa longueur, que dans un seul sens ; elle ne saurait, dans aucun sens, reposer par tous ses points sur la dernière.

L'ensemble des faces d'un corps constitue la *surface* de ce corps : la surface intérieure d'un four, par exemple, se compose de la face courbe qui forme la voûte et de la face plane sur laquelle on dépose les pains. La surface d'un tonneau comprend les faces planes des deux fonds et la face courbe qui les sépare.

Un corps qui n'a point d'arêtes, comme une boule, un œuf, un anneau rond, n'a qu'une seule face qui fait à elle seule la surface.

PLANS.

80. Nous avons étudié les arêtes ou lignes indépendamment des corps auxquelles elles peuvent appartenir ; nous agirons encore ainsi pour les faces planes.

Une face plane est toujours limitée, et elle l'est soit par des droites, soit par des arcs de cercles, soit par un cercle entier ; mais de même qu'une ligne droite peut être prolongée par la pensée, autant qu'on veut, au-delà de ses extrémités, une face plane peut être conçue prolongée au-delà de ses limites. Considérée de la sorte, elle est illimitée et prend le nom de *plan*. C'est ainsi qu'on la considère et qu'on la nomme toujours en l'étudiant sous le rapport des différentes positions qu'elle peut avoir, afin de faire entendre que les propriétés qui lui sont reconnues et les procédés qui en dérivent, ne dépendent nullement de la forme des limites et sont applicables à toute face plane d'un corps quelconque.

81. Parmi toutes les positions que peut prendre un plan, il en est deux très-remarquables : la position verticale et la position horizontale. Un plan est vertical dès que le fil-à-plomb, librement suspendu, s'y applique sur toute sa longueur, ou bien dès que ce fil en cache à l'œil toute l'étendue. La face intérieure d'un mur de maison est dans ce cas. Il n'en est pas de même de la face extérieure, à cause du léger talus ou *fruit* qu'y exige la solidité.

Un plan est horizontal ou de niveau, lorsque deux droites concourantes qu'on y a tracées à volonté sont elles-mêmes horizontales (42) : un plancher bien fait, le tapis d'un billard, la surface des eaux tranquilles sont des plans horizontaux. Il suffit donc, pour reconnaître si un plan est horizontal, d'y placer le niveau sur deux directions qui se coupent. Il y a plus d'exactitude dans une telle vérification, quand les deux directions sont à-peu-près d'équerre.

Un plan qui n'est ni horizontal, ni vertical, est dit incliné : les faces d'un toit sont donc des plans inclinés (*).

82. Quelle que soit la position d'un plan, une droite peut être perpendiculaire ou parallèle ou oblique à ce plan.

(*) Les moyens de la Géométrie élémentaire ne permettent point de représenter exactement sur le tableau, les positions des plans, celle du plan vertical exceptée. Il faut, pour les autres, se servir de planchettes ou de cartons, et ne jamais faire de figures en perspective : elles peuvent donner des idées fausses aux élèves.

Une droite est perpendiculaire à un plan, quand elle est perpendiculaire à deux droites tracées sur ce plan par son *pied*. Alors, elle ne penche ni dans un sens, ni dans aucun autre, ou ce qui revient au même, elle est d'équerre sur toutes les droites du plan qui la rencontrent.

La direction du fil-à-plomb ou la verticale est donc perpendiculaire au plan horizontal qu'elle perce ; car elle l'est à toutes les horizontales qui peuvent être tracées par son pied sur le plan (42).

La distance d'un point à un plan est la longueur de la perpendiculaire qu'on y abaisse de ce point, parce qu'une telle droite est la plus courte de toutes celles qui peuvent être menées du point jusqu'au plan.

Planter une tige perpendiculairement sur un plan.

Disposez deux équerres de manière qu'une des petites arêtes de l'une se confonde avec une des petites arêtes de l'autre, sans que les deux instrumens aient d'autres points communs ; posez-les ensuite sur le plan, par les deux petites arêtes non accolées, et placez la tige le long de celles qui se confondent. La direction de cette tige sera évidemment alors perpendiculaire à deux droites du plan. Pour plus d'exactitude, il convient que les deux petites arêtes non accolées fassent à-peu-près un angle droit.

Si la tige devait contenir un point marqué hors du plan, il faudrait que la droite des deux arêtes accolées passât par ce point.

83. Une droite est parallèle à un plan, lorsque deux de ses points en sont également éloignés, ou lorsqu'il y a entre ces points et le plan deux parallèles égales.

Toute horizontale située hors d'un plan horizontal, est parallèle à ce plan, parce que toutes les verticales qui vont de l'une à l'autre sont de même longueur.

Placer une barre parallèlement à un plan.

Tracez d'abord sur le plan la direction que doit avoir la barre ; puis, si le plan est vertical, plantez-y deux tiges perpendiculairement ; s'il est horizontal ou incliné, plantez-y deux tiges verticales. Dans tous les cas, portez sur ces tiges, à partir du plan, deux longueurs égales. Par là vous déterminerez deux points, et il vous restera à placer la barre de façon qu'une de ses longues arêtes ou une de ses lignes droites parallèles aux longues arêtes, passe par ces deux points.

La distance de la barre aux plans ou un point de sa

position est quelquefois donné. Il faut alors planter les deux tiges perpendiculairement au plan, quel qu'il soit ; et marquer sur ces tiges deux points qui se trouvent éloignés de ce plan autant que doit l'être la barre ou le point donné.

84. Une droite est oblique par rapport à un plan, si elle n'est ni perpendiculaire, ni parallèle. Lorsque le plan est horizontal, l'oblique est une ligne *inclinée*, parce qu'elle n'est alors ni verticale, ni horizontale (42). On détermine ordinairement la position d'une ligne inclinée, au moyen de sa *pente*, c'est-à-dire au moyen de la différence des hauteurs verticales de deux points dont la distance horizontale est l'unité de longueur (76).

85. *Placer une pièce de charpente selon une pente donnée.*

Tracez, sur le terrain du chantier, deux droites d'équerre *ac*, *bc* (P. II, F. 11). Si la pente est de 68 centimètres par mètre, comme doit être celle des chevrons d'un toit en tuiles plates dans ce pays-ci, vous porterez un mètre de *c* en *b* et 68 centimètres de *c* en *a* ; puis vous tirerez la droite *ab* qui sera la direction de la pièce de charpente. Mais, pour que cette direction fût très-exacte, il faudrait au lieu d'un mètre, porter 3 ou 4 mètres de *c* en *b* et 3 ou 4 fois 68 centimètres de *c* en *a* : la pente serait la même ; les points *a*, *b* se trouveraient plus éloignés l'un de l'autre, et la petite erreur que vous pourriez commettre en plaçant la règle ou le cordeau sur ces points, altérerait beaucoup moins la vraie direction cherchée.

La figure *abc* étant relevée sur *bc* verticalement, montre que la pièce de charpente, placée selon *ab*, ferait avec l'horizontale *bc* un angle *b* dépendant de la pente. Vous pourriez donc aussi déterminer la position de la pièce au moyen de cet *angle de pente*. Comme il est le plus petit des angles que ferait *ab* avec toutes les horizontales menées par *b*, c'est celui-là qu'on a en vue quand on parle de l'angle fait avec le plan horizontal par une droite inclinée *ab*, de même qu'on désigne la plus courte des droites qui peuvent être menées d'un point à une ligne ou à un plan, lorsqu'on demande la distance du point à la ligne ou au plan.

Vous voyez par là que pour *déterminer l'angle qu'une droite inclinée* ab *fait avec le plan horizontal*, il faut appliquer le fil-à-plomb en un point *a* de la droite, marquer le point *c* qu'indique le plomb sur le plan et joindre

8

c au point *b* où la droite rencontre le même plan. L'angle *abc* est celui qui est demandé.

On trouverait d'une manière analogue l'angle d'une oblique et d'un plan qui ne serait pas horizontal. Au lieu d'abaisser une verticale du point *a*, il faudrait abaisser de ce même point une perpendiculaire sur le plan, ce qu'on fesait au moyen de deux équerres (82).

86. Deux plans quelconques qui se coupent, ont toujours une droite pour intersection, car si vous joigniez par une droite deux points qui leur fussent communs, cette droite devrait être à la fois dans chacun des deux plans, et s'il pouvait y avoir un point commun qu'elle ne prît pas, vous pourriez le joindre à deux points de la droite et former ainsi une face, un plan limité par trois lignes, qui se confondrait avec chacun des plans illimités. Or, cela est impossible. Donc, la droite qui joint deux des points communs à deux plans quelconques, prend tous les autres et forme l'intersection de ces plans.

Voilà pourquoi les ouvriers ne s'occupent point de rendre droites les arêtes qui doivent l'être dans un corps; il leur suffit de faire exactement planes les faces qui se coupent selon ces arêtes. C'est aussi pour la même raison que le pli d'une feuille de papier est toujours une ligne droite, car les deux parties d'une feuille pliée sont deux faces ou plans qui se coupent.

87. Deux plans verticaux qui se coupent, ont une verticale pour intersection, parce que le fil-à-plomb qui serait appliqué à un des points communs, devant être à la fois dans chacun des plans, se dirigerait nécessairement selon la droite d'intersection.

Un jalon est donc rigoureusement vertical, lorsqu'il se trouve dans deux plans verticaux qui se coupent.

Placer un jalon ou une tige A verticalement ou perpendiculairement à un plan horizontal (P. II, F. 12).

Mettez-vous en un point quelconque B; suspendez d'une main le fil-à-plomb devant votre œil droit, et avec l'autre main faites les signes nécessaires pour que l'aide amène la partie supérieure du jalon dans le plan vertical qui contient le pied de ce jalon et le fil. Prenez ensuite une autre position C et faites la même opération. Si l'aide a cette fois le soin de pousser à droite ou à gauche, dans la direction AB, le jalon sera vertical dès qu'il se trouvera dans le plan qui contient son pied et le fil. Cependant, il convient de vérifier s'il est resté dans le premier plan vertical.

Il est plus court et plus sûr d'opérer à la fois en B et en C; par conséquent trois personnes sont nécessaires pour placer un jalon exactement et promptement dans la verticale de son pied. Néanmoins un seul homme en vient à bout avec du temps et de la patience.

Observez que l'opération a plus d'exactitude, lorsque les directions AB, AC se coupent d'équerre.

88. L'espace illimité que laissent entre eux deux plans qui se coupent, est appelé *coin*, parce que les deux plans ont alors, l'un par rapport à l'autre, la position des deux grandes faces du coin dont se sert le fendeur de bois. Le coin est donc pour les plans, ce que l'angle est pour les droites. Aussi est-ce par l'angle de deux droites tracées sur les plans qu'on apprécie leur coin : ces droites doivent être perpendiculaires à l'intersection des deux plans, afin que leur angle augmente par multiplication ou diminue par division tout comme le coin : qu'il se double, si le coin se double, ou qu'il se réduise au tiers, si le coin s'y réduit. Quand cet angle est droit, il en est de même du coin et les deux plans sont perpendiculaires entre eux.

Un plan est encore perpendiculaire à un autre, s'il renferme une perpendiculaire à cet autre.

Tout plan vertical est perpendiculaire au plan horizontal qu'il rencontre, car il contient une infinité de verticales qui sont perpendiculaires à tous les plans horizontaux (82). Ainsi, la face intérieure d'un mur de maison et le plancher forment un coin droit ou sont perpendiculaires entre eux.

Vérifier si deux faces planes d'une pierre sont d'équerre.

On se sert pour cela d'une équerre évidée ou formée de deux règles. Lorsque cette équerre embrasse le coin de la pierre, chaque règle, placée perpendiculairement à l'arête de ce coin, doit s'appliquer exactement dans toute sa longueur sur l'une des deux faces.

Mais, pour opérer avec une grande exactitude, en suivant ce procédé, il faudrait vérifier la position des règles par rapport à l'intersection des faces. Il est donc plus sûr ou au moins plus simple de placer une des règles contre une des faces et de faire pivoter l'équerre sur cette règle, pour voir si, dans toutes les positions, l'autre règle s'applique exactement sur l'autre face. Lorsqu'il en est ainsi, la première face contient une droite perpendiculaire à la seconde (82), et par conséquent le coin est droit.

Vérifier si les deux faces inclinées d'un faîte de charpente font bien l'angle voulu.

Ces faces sont obliques l'une par rapport à l'autre ; leur coin n'est donc pas droit, et il faut se servir d'une fausse équerre à charnière. Vous leverez, avec cet instrument, sur *l'épure* ou *tracé en grand*, l'angle obtus que doivent faire les deux pans du toit (23) ; puis vous suivrez le premier des deux procédés qui viennent d'être donnés pour la vérification d'un coin droit.

89. Le plan incliné qui rencontre un plan horizontal, y marque une ligne de niveau. La perpendiculaire à cette intersection est, de toutes les droites qu'on pourrait tracer par un même point, sur le plan incliné, la seule qui fasse avec le plan horizontal, l'angle que les deux plans font entre eux (85 et 88). Elle est appelée *ligne de plus grande pente*, parce que son angle de pente est plus grand que ceux des autres droites, ou ce qui revient au même, parce que de toutes ces droites, c'est celle qui a la plus forte pente. Cette ligne et ses parallèles ont de l'importance : les eaux et tous les corps qui glissent ou roulent sur un plan incliné, les suivent toujours, attendu qu'elles offrent les chemins les plus rapides et les plus courts à la fois que puissent prendre ces corps pour descendre le plan.

90. *Tracer une ligne de plus grande pente.*

Vous déterminerez une des horizontales du plan incliné (42) ; pouvant la considérer comme l'intersection d'un plan horizontal, vous n'aurez plus qu'à élever, dans le plan, une perpendiculaire en un point quelconque de cette droite. La perpendiculaire et ses parallèles seront des lignes de plus grande pente.

91. Le plan vertical qui contient une ligne de plus grande pente, est toujours perpendiculaire au plan incliné, et il est le seul plan vertical qui puisse l'être.

Lors donc qu'il s'agira de *rendre un plan vertical et perpendiculaire à un plan incliné*, ou qu'il faudra *établir sur la ligne de plus grande pente, un plan perpendiculaire à un plan incliné*, il vous suffira de tracer cette ligne et d'employer le fil-à-plomb ; vous n'aurez pas besoin d'élever une perpendiculaire sur le plan incliné comme le veut le n° 88. C'est ainsi qu'on place les demifermes d'une charpente d'appentis, car elles doivent être verticales et d'équerre sur le toit. Quant aux fermes com-plètes, elles satisfont à ces deux conditions, dès qu'elles contiennent une ligne de plus grande pente de chacun des deux pans du toit.

92. Deux plans peuvent être placés, l'un par rapport à l'autre, de manière à ne pas former un coin. Ils sont alors parallèles, partout également écartés et dans l'im-possibilité de se rencontrer. La longueur d'une perpen-diculaire commune, prise d'un plan à l'autre, donne leur distance.

Des droites parallèles comprises entre deux plans pa-rallèles sont égales.

Deux plans horizontaux, comme le plancher et le pla-fond d'une chambre, sont parallèles; leur distance se prend sur une verticale.

Couper un corps parallèlement à une de ses faces de laquelle partent des arêtes parallèles.

Portez la même longueur sur les arêtes parallèles, et abattez toute la partie du corps qui dépasse les points ainsi marqués, ayant soin de former un plan où se trouvent tous ces points.

POLYGONES.

93. Après avoir étudié les propriétés qui dépendent de la position des faces planes, nous allons nous occuper de celles que font naître les différentes formes produites par les limites de ces faces.

On donne le nom de *Polygones* aux faces planes dont les limites sont des lignes droites. Elles présentent des angles, des sommets et des côtés, toujours en même nombre. Les angles se trouvent tous tournés en dedans (P. II, F. 13) ou bien les uns ont cette position, tandis que les autres sont tournés en dehors (F. 14). Dans le premier cas, le polygone est dit *à angles saillans*, et dans le second, *à angles rentrans*. C'est de la première espèce qu'il va être question, attendu qu'un polygone de la deuxième peut toujours être décomposé en plusieurs polygones à angles saillans : il suffit pour cela de tirer des droites telles que AB, BC, apelées *diagonales ;* elles donnent les figures ABD, BEFC, ABCG qui ne ren-ferment aucun angle rentrant.

Triangles.

94. Le plus simple de tous les polygones est celui qui a trois côtés et trois angles ; on l'appelle *triangle*.

La somme des trois angles d'un triangle forme deux angles droits ; car si vous prolongez le côté AB (P. II , F. 15) , et que vous meniez par le sommet B , une droite BD parallèle à AC , vous aurez l'angle DBE=A son correspondant (44) , l'angle CBD=C comme alternes–internes, et vous savez que les trois angles ABC, CBD, DBE , faits en un point B , du même côté de la droite AE, valent deux angles droits (30).

Remarquez qu'un angle extérieur tel que CBE , est la somme des deux angles intérieurs A , C , qui ont des sommets différens du sien.

95. On peut toujours *faire un triangle avec trois droites A , B , C , dont une quelconque est moindre que la somme des deux autres* (P. II , F. 16).

Ce tracé est absolument le même que celui du n° 6. Tirez une droite et portez–y la longueur A , de D en E ; puis du point D , avec B pour rayon , décrivez un petit arc , et du point E , avec C , décrivez un second arc qui coupe le premier en F ; joignez enfin F à D et à E , vous aurez le triangle DEF dont les trois côtés auront les longueurs données.

Il faut que chaque longueur soit moindre que la somme des deux autres , parce que , dans un triangle , chaque côté est plus petit que la somme des deux autres qui forment une ligne brisée.

De là le moyen de *lever un angle sans fausse-équerre* (23). Supposez qu'il s'agisse de l'angle formé par les traces de deux murs sur un plancher , vous mesurerez une longueur AB sur l'une de ces traces (P. II , F. 17) , une longueur AC sur l'autre , et la distance des points B , C ; puis , avec ces trois longueurs , vous construirez , par exemple , sur l'une des faces d'une pierre , un triangle dont l'angle opposé à la longueur BC sera précisément égal à l'angle A.

96. Il n'est pas nécessaire de connaître les trois côtés d'un triangle pour le construire. Si vous avez un des angles , l'angle A , par exemple (P. II , F. 18) , et les longueurs B , C des côtés qui le forment , vous faites un angle D égal à l'angle A (26) ; vous portez sur les côtés de l'angle D , les longueurs B , C , de D en E et en F ; puis vous tirez la droite EF. Voilà le procédé à suivre pour *faire un triangle dont on connaît deux côtés et l'angle qu'ils forment.*

97. *Construire un triangle dont on a deux angles A , B et le côté C qui joint les sommets de ces angles* (P. II , F. 19).

Tracez une droite et portez-y la longueur C, de D en E ; faites sur DE , au point D , un angle égal à A , et au point E , un angle égal à B. Les autres côtés de ces angles achève-ront le triangle DEF en se coupant au point F.

98. Le triangle qui a deux côtés égaux est dit *symétrique*. Les fermes d'un toit à deux pans , les faces de toit qui rem-placent des pignons , sont des exemples de triangles symé-triques.

Dans un triangle symétrique ABC (P. II , F. 20), il y a égalité entre les angles A , C qui sont opposés aux côtés égaux BC, BA ; car la perpendiculaire BD donne DA=DC (57) ; le triangle BDC rabattu sur le triangle BDA , le cou-vre exactement , et de même l'angle C couvre l'angle A.

Lorsque vous leverez un angle par le procédé du n° 95 , il sera bon de faire symétrique le triangle BAC (F. 17), en prenant AB égale à AC , s'il y a possibilité ; vous n'aurez alors qu'une seule longueur à mesurer et à noter , car ayant mesuré AB , vous pourrez rapporter cette droite sur AC.

99. Le côté AC qui , dans un triangle symétrique , n'est pas égal aux deux autres , se nomme *la base* du triangle. La perpendiculaire BD abaissée sur cette base , du sommet B opposé , est *la hauteur*. En général , on appelle *hauteur* d'un triangle quelconque , la perpendiculaire abaissée d'un des sommets , sur le côté opposé , prolongé s'il le faut , et ce côté est alors regardé comme la *base* du triangle.

Construire un triangle symétrique dont on connaît la base B et la hauteur H (P. II , F. 21).

Tirez une droite sur laquelle vous porterez la base B , de A en C ; élevez une perpendiculaire au milieu de AC (41) ; portez la hauteur H sur cette perpendiculaire , de D en E ; puis joignez E aux points A , C ; vous aurez le triangle symétrique AEC.

Construire un triangle symétrique quand on connaît la hauteur H et la longueur L des côtés égaux (P. II , F 22).

Elevez une perpendiculaire au milieu d'une droite quel-conque AB ; portez la hauteur H de C en D ; décrivez de D , avec la longueur L , un arc qui coupe AB en deux points E , F ; joignez enfin D à E et à F ; vous aurez le triangle sy-métrique EDF.

Construire un triangle symétrique quand on connaît la base et la longueur des côtés égaux.

Vous connaissez réellement les trois côtés et vous pouvez employer le procédé du n° 95.

Construire un triangle symétrique quand on connaît la longueur L des côtés égaux et leur pente (P. II, F. 23).

Élevez une perpendiculaire au milieu d'une droite quelconque AB. Si la pente est, par exemple, de 5 décimètres, vous porterez 5 décimètres de C en D, 1 mètre de C en E, et la longueur L sur la droite ED, à partir de E. Vous marquerez ainsi un point F. Décrivez de ce point, avec FE, un arc qui coupe AB une seconde fois en G, puis joignez F à G; vous aurez le triangle symétrique EFG.

100. Le triangle ABC qui a ses trois côtés égaux, est dit *équilatéral* (P. II, F. 24). Ses trois angles sont aussi égaux, car des angles opposés à des côtés de même longueur, peuvent toujours se couvrir exactement (98). Il s'en suit que chaque angle d'un triangle équilatéral est de 60°, puisque leur somme est de 180° (94).

Un polygone qui a ainsi tous ses angles égaux et ses côtés de même longueur, est dit *régulier*. Le triangle équilatéral est donc un polygone régulier.

Construire un triangle équilatéral dont on connaît le côté.

Connaissant un côté, vous connaissez les trois; vous pouvez donc employer le procédé du n° 95.

101. Le triangle ABC (P. II, F. 25) dans lequel se trouve un angle droit B, est appelé *triangle rectangle*. Les équerres bien faites en sont des exemples. On nomme *hypothénuse* le côté AC opposé à l'angle droit.

Puisque la somme des trois angles d'un triangle donne 180° et que l'angle B est de 90°, les deux angles aigus A, C d'un triangle rectangle valent ensemble 90°. Lors donc qu'un tel triangle est symétrique, comme ABC, chacun des angles aigus A, C qui sont égaux, est de 45°.

Construire un triangle rectangle quand on connaît les deux côtés A, B de l'angle droit (P. II, F. 26).

Élevez une perpendiculaire au milieu d'une droite quelconque CD; portez l'un des côtés donnés, A par exemple, de E en F, et l'autre B, de E en G; joignant F à G par une droite, vous aurez le triangle rectangle FEG.

Construire un triangle rectangle quand on connaît l'hypothénuse A et un côté B de l'angle droit (P. II, F. 27).

Élevez une perpendiculaire au milieu d'une droite quelconque CD; portez la longueur B sur l'une ou sur l'autre de ces lignes, à partir de leur intersection E; décrivez du point F ainsi obtenu, un arc qui ait pour rayon la longueur A de l'hypothénuse et qui coupe EC ou ED ; joignez à F le point G donné par cet arc, et vous aurez le triangle rectangle FEG.

102. Pour comprendre ce qu'il nous reste à dire sur le triangle rectangle, il faut savoir que le produit d'un nombre multiplié par lui-même, est dit le *quarré* de ce nombre. Ainsi, 64 est le quarré de 8, parce que 8 fois 8 font 64. Voici au reste les quarrés des douze premiers nombres ; vous devez les apprendre par cœur.

Nombres : 1, 2, 3, 4, 5, 6, 7, 8, 9, 10, 11, 12.

Quarrés : 1, 4, 9, 16, 25, 36, 49, 64, 81, 100, 121, 144.

Le nombre qui, multiplié par lui-même, en produit ou en produirait un autre, est dit la *racine quarrée* ou simplement la *racine* de cet autre. Par exemple, la racine de 81 est 9, parce que 9 fois 9 font 81, ou parce que 81 est le quarré de 9. Les douze premiers nombres sont donc les racines des quarrés que vous voyez écrits au-dessous.

Mais, tout nombre peut être considéré comme un quarré, ou comme le produit d'un autre nombre multiplié par lui-même, et il faut pouvoir trouver cet autre nombre. L'opération de calcul qu'on fait pour cela, se nomme *extraction de racine quarrée* ou simplement *extraction de racine* : elle est indispensable à la pratique de la Géométrie.

Quelle est la racine de 23 435 ?   PREUVE.

2.3 4.2 5	1 5 3,0 5 2 2 . .	0
1 3	2 5	
9 2	3 0 3	
1 6 0 0.0 0.0 0.0 0	3 0 6 0 5	
6 9 7 5 0	3 0 6 1 0 2	
8 5 2 9 6 0	3 0 6 1 0 4 2	
2 4 0 7 5 1 6	. . . .	7

Je partage le nombre 23425 en groupes de deux chiffres chacun, en allant de droite à gauche. Le 1er groupe à gauche peut conséquemment contenir un ou deux chiffres. Je prends la racine quarrée 1 du plus grand quarré 1 contenu dans le premier groupe 2, et j'écris cette racine 1 à droite du nombre 23425, comme le diviseur d'une division. De 2, je retranche le plus grand quarré 1 qu'il contient, et j'écris au-dessous le reste 1.

À côté de ce reste, j'abaisse le 1er chiffre 3 du 2e groupe et j'ai 13. Je double le chiffre 1 de la racine et j'obtiens 2 que j'écris au-dessous , à la place ordinaire du quotient d'une division. Je divise 13 par ce nombre 2. Le quotient 6 peut être trop grand pour la racine. Je l'essaie en le supposant écrit à la suite du diviseur 2 et en multipliant le nombre 26 qui en résulte , par ce même quotient 6. Pour qu'il convienne à la racine , il faut que le produit puisse se retrancher du reste 1 du 1er groupe suivi de tout le second 34 , c'est-à-dire du nombre 134. Tout cet essai , qui consiste en une multiplication et une soustraction dont on n'a pas besoin de connaître le reste , se fait par la pensée , sans rien écrire , comme l'essai d'un quotient quand le diviseur a plusieurs chiffres. Je vois ainsi que 6 est trop grand. Je le diminue donc d'une unité et j'essaie 5 de la même manière. Trouvant le chiffre 5 bon pour la racine , je l'y écris à côté du chiffre 1. Je l'écris aussi à côté du diviseur 2 , ce qui donne 25. Je multiplie 25 par le 5 de la racine , et je retranche de 134 , en écrivant successivement les chiffres du reste , comme si je faisais une division. Je trouve ainsi que le reste est 9.

A côté du reste 9 , j'écris le 1er chiffre 2 du 3e groupe 25 et j'ai 92. Je double le nombre 15 de la racine , et j'obtiens 30 que j'écris vis-à-vis de 92 , au-dessous de 15. Je divise 92 par 30 et j'essaie le quotient 3 , comme j'ai essayé tout-à-l'heure 6 et 5. Trouvant le chiffre 3 bon pour la racine , je l'y écris à la suite de 15 et je l'écris aussi à la suite du diviseur 30 , ce qui donne 303. Multipliant 303 par le chiffre 3 de la racine et retranchant le produit à mesure que je le forme , du reste du 2e groupe suivi de tout le 3e , c'est-à-dire du nombre 925 , j'ai pour reste 16.

L'opération est alors, terminée , si l'on ne veut pour racine qu'un nombre entier. Cette racine est 153 ; le reste 16 montre que le nombre 23425 excède d'autant le quarré de 153. Si au lieu de 23425 nous eussions eu 23409 , nous aurions trouvé 153 pour racine , sans aucun reste. Mais , quoique inexacte , la racine 153 ne diffère pas d'une unité de la vraie racine, puisque 4 mis à la place de 3 dans 153 , serait trop fort , même pour la division de 92 par 30. D'ailleurs , 154 a pour quarré 23716 nombre bien plus grand que 23425.

Il en est donc des racines comme des quotiens : elles ne sont pas toujours exactes. Dans tous les cas , leur recherche se fait , ainsi que vous venez de le voir , au moyen de la division , de la multiplication et de la soustraction ;

ceux qui savent bien exécuter ces opérations, n'éprouve-
ront donc aucune difficulté à pratiquer l'extraction de
racine.

Il est souvent nécessaire d'avoir une racine plus appro-
chée de la véritable, que celle qui est exprimée par un
nombre entier. La même opération suffisamment continuée
permet d'approcher aussi près qu'on veut de la vraie racine. Il suffit d'écrire à la suite du dernier reste, autant
de groupes de deux zéros qu'on désire de décimales.

Supposons qu'on veuille obtenir la racine de 23425 à
moins de 1 dixmillième près. Je devrai pousser l'extraction jusqu'aux dixmillièmes, ou trouver les quatre premières décimales de la racine, et par conséquent, j'écri-
rai quatre groupes de deux zéros à la suite du reste 16.

Cela fait, je continuerai de diviser chaque reste suivi
du 1er chiffre du groupe suivant, par le double du nombre déjà écrit à la racine, jusqu'à l'épuisement de tous
les groupes de zéros; mais je séparerai du nombre entier
153, par une virgule, les nouveaux chiffres que je mettrai
à la racine. Ainsi, je diviserai 160 par 306, puis j'écri-
rai le quotient 0 à la suite de la virgule et à la suite
de 306. Si je multipliais 3060 par 0 et que je fisse la
soustraction du produit, j'obtiendrais évidemment pour
reste 1600. Je passe donc ces deux opérations, et je
divise tout de suite 1600 suivi du 1er zéro du 2e groupe,
ou 16000, par 3060. Cela me donne 5 à la racine et 6975
pour reste. A côté de ce reste, j'écris le 1er zéro du 3^e
groupe; je divise 69750 par 30610; j'obtiens 2 à la racine et 85296 pour reste.

Enfin, je divise 852 960 par 306104; j'obtiens 2 à la racine et 2 407 516 pour dernier reste.

La racine de 23 425 est donc alors 153,0522. Elle se
trouve encore moindre que la vraie; mais n'en différant pas
d'un dixmillième, elle peut bien être regardée comme exacte.

Si au lieu du nombre entier 23 425, on avait le nombre
234,25, la recherche de la racine se ferait absolument de
la même manière; seulement, il faudrait former les groupes
de deux chiffres à partir de la virgule, et mettre une virgule à la racine dès qu'on aurait employé tous les chiffres de
la partie entière 234. La racine serait alors 15,30522.

La preuve par 9 de la multiplication, fournit un moyen
facile et expéditif de vérifier une extraction de racine. Additionnez les chiffres de la racine et ôtez 9 à mesure que
vous le pourrez; formez le quarré du reste; additionnez

les chiffres de ce quarré en ôtant tous les 9 ; ajoutez le nouveau reste aux chiffres du reste de l'extraction, en ôtant les 9 ; vous obtiendrez un reste qui, si l'opération a été bien faite, sera égal à celui que donnera le nombre proposé, quand vous en aurez additionné les chiffres et ôté les 9.

Ici, le reste de la racine est o ; le quarré de o est o ; le reste de l'extraction donne 7 et le nombre 23 425 donne 7 aussi. Par conséquent, l'opération est très-probablement bonne.

103. La propriété du triangle rectangle pour laquelle vous aviez besoin de la notion des quarrés, est celle-ci : *Le quarré de l'hypothénuse égale la somme des quarrés des deux côtés de l'angle droit ;* c'est-à-dire, que si le triangle FEG est rectangle (P. I, F. 12), que EF = 3 mètres et que EG = 4 mètres, le quarré de l'hypothénuse FG sera 25, somme des quarrés 9 et 16 des nombres 3 et 4. Effectivement, pour faire le cordeau-équerre que représente la figure 12, il est prescrit de prendre FG de 5 mètres, et le quarré de 5 est 25.

Mesurer la longueur de la rampe d'un escalier qui doit commencer en A et finir en B (P. II, F. 28).

Cette rampe n'étant pas construite, il n'y a pas lieu d'y appliquer la mesure. On ne peut pas non plus employer une corde tendue de A en B, car le poids d'une corde, si faible qu'il soit, l'empêche de former une ligne droite, toutes les fois qu'elle n'a pas une position verticale. Enfin, le procédé du n° 78 ne donnerait peut-être pas une exactitude suffisante. Vous pourriez, à la vérité, vous servir d'une règle qui serait assez épaisse pour ne pas fléchir sous son propre poids ; mais on n'en a pas toujours sous la main, qui soient telles et assez longues. Il est donc bon de savoir calculer la longueur d'une ligne inclinée AB au moyen de la longueur horizontale AC et de la hauteur verticale BC, qu'il est toujours facile de mesurer.

La verticale du point B et l'horizontale AC qu'elle rencontre, sont d'équerre et forment conséquemment avec AB un triangle rectangle. Faites donc le quarré de la longueur AC et le quarré de la longueur BC ; additionnez ces deux quarrés, pour avoir celui de l'hypothénuse AB ; puis extrayez la racine de la somme ; cette racine sera la longueur de AB.

Si, par exemple, AC = 12 mètres, et que BC = 9^m,5, le quarré de AC sera 144, celui de BC sera 9,5 × 9,5 = 90,25 ;

vous aurez 234,25 pour leur somme ou pour le quarré de AB, et l'extraction de racine vous donnera $15^m,30522$ pour la longueur de la rampe (102). Aucun mesurage ne la ferait connaître avec un pareil degré d'exactitude.

C'est ainsi qu'on peut trouver la longueur de l'hypothénuse du triangle rectangle, toutes les fois que les longueurs des deux côtés de l'angle droit sont connues. Il serait plus exact d'achever par ce moyen le mesurage d'une pente qui ne pourrait être parcourue, que d'employer le procédé prescrit dans le n° 78.

On veut faire, avec des planches de six mètres, un auvent qui abrite une largeur de 5^m; quelle est la pente à donner?

Si vous supposez que l'horizontale AC ait 5^m (P. II, F. 28) et que la ligne inclinée AB ait 6^m, la verticale BC sera la pente totale du toit à construire, et il s'agira de calculer la longueur de cette verticale. Or, le triangle ACB est rectangle, et par conséquent, le quarré de l'hypothénuse AB égale le quarré de AC, plus le quarré de BC. Donc, ce dernier quarré est la différence des deux autres. Retranchez donc de 36 quarré de AB, le quarré 25 de AC, vous aurez pour reste 11 qui sera le quarré de BC. Extrayant la racine de 11 jusqu'aux millièmes, vous trouverez $3^m,316$ pour la pente totale BC. La pente pour 1^m, serait le cinquième de $3^m,316$, puisque AC $= 5^m$. Si donc les poteaux qui soutiendront le bout A des planches doivent avoir 2^m, le bout B devra être placé à $3^m, 316$ du sol.

Voilà qui vous montre comment il faut calculer la longueur de l'un des petits côtés de tout triangle rectangle, quand on connaît celle de l'autre et celle de l'hypothénuse.

On se propose de bâtir une maison dans l'angle B de deux chemins d'équerre (P. II, F. 25); la façade qui regardera le sommet B, aura 15 mètres de longueur et devra faire le même angle avec les deux directions BA, BC; à quelles distances de B faut-il marquer les extrémités de cette façade, pour qu'elles soient sur les bords des deux chemins?

La façade AC formera avec les directions BA, BC, un triangle symétrique, puisque les deux angles A, C doivent être égaux (98). Les longueurs BA, BC seront donc égales, et comme le triangle ABC est rectangle, le quarré de AC vaudra le double de celui de BA, par exemple, ou bien le quarré de BA sera la moitié du quarré de 15. Or, le quarré de 15 est 225. Prenant la moitié, vous aurez 112,5; extrayant la racine jusqu'aux millièmes, vous trouverez 10^m,606 pour la distance BA et pour la distance BC. La droite qui joindra les points A, C ainsi déterminés, aura 15^m à 1 millimètre près.

Ce calcul est un exemple de celui qu'il faut faire, toutes les fois qu'il s'agit de trouver les petits côtés d'un triangle symétrique et rectangle dont on connaît l'hypothénuse.

Comparaison des Triangles.

104. Dans plusieurs cas, on peut prononcer que deux triangles sont égaux ou que l'un couvrirait l'autre exactement, sans avoir besoin d'en mesurer les angles et les côtés.

Deux triangles quelconques, ABC, A'B'C' sont égaux (P. II, F. 29),

1.° Quand les côtés de l'un égalent les côtés de l'autre, c'est-à-dire, lorsque AB=A'B', BC=B'C', CA=C'A';

2.° Quand un angle de l'un égale un angle de l'autre, et que les côtés du premier angle ont même longueur que ceux du second; lorsque, par exemple, l'angle A=A', AB=A'B', AC=A'C';

3.° Quand un côté de l'un a même longueur qu'un côté de l'autre, et que les angles formés par le premier côté égalent ceux qui sont formés par le second; lorsque, par exemple, BC=BC', B=B', C=C'.

Il est facile de reconnaître en effet que, dans tous ces cas, le triangle A'B'C' couvrirait exactement ABC, si trois des côtés et des angles qui forment le premier, étaient appliqués sur les trois parties qui leur sont égales dans le second. Observez toutefois qu'au nombre des trois parties doit se trouver un côté : il ne suffit pas que les trois angles d'un triangle soient égaux à ceux d'un autre, pour que ces deux faces puissent se couvrir exactement.

En outre, il y a égalité entre deux triangles rectangles, lorsque l'hypothénuse et un petit côté de l'un égalent l'hypothénuse et un petit côté de l'autre.

Il y a égalité entre deux triangles symétriques, lorsque la base et la hauteur de l'un sont égales à la base et à la hauteur de l'autre. Il en est de même des triangles équilatéraux, et dans ceux-là un côté quelconque peut être pris pour base.

En combinant ces principes et les tracés des triangles (95, 96, 97, 99, 101), on arrive aisément à faire de plusieurs manières, un triangle qui soit égal à un triangle donné.

105. Deux triangles peuvent avoir la même superficie, sans pouvoir se couvrir ou sans être égaux. On dit alors qu'ils sont *équivalens*.

On peut prononcer que deux triangles quelconques sont équivalens, dès qu'il a été reconnu que la base et la hauteur de l'un égalent la base et la hauteur de l'autre. Ainsi, deux triangles ABC, ADC (P. II, F. 30) qui auraient même base AC et dont les sommets B, D se trouveraient sur une parallèle à cette base, seraient équivalens : car ils auraient des hauteurs égales, puisque ces hauteurs seraient les perpendiculaires BE, DF comprises entre les parallèles AC, BD.

Rien n'est donc plus facile que de *faire un triangle qui soit équivalent à un triangle donné ABC*. Il suffit de mener par un sommet B, une droite BD parallèle au côté opposé AC, et de joindre un point quelconque D de cette parallèle, aux extrémités de AC.

106. *Partager un champ triangulaire ABC en un certain nombre de portions équivalentes*, 3 par exemple (P. II, F. 31).

Divisez AC, un quelconque des côtés, en autant de parties égales qu'on demande de portions (62); puis, joignez les points de division D, E au sommet opposé B. Les triangles ABD, DBE, EBC seront équivalens, puisqu'ils auront des bases égales AD, DE, EC et même hauteur BF.

Si le côté AC était très-long, vous ne pourriez pas employer avec facilité ni exactitude, le procédé du n° 62 pour le diviser en plusieurs parties égales. Dans un pareil cas, tracez par A, une des extrémités, la droite quelconque AG, et portez-y, à partir de A, autant de parties égales et arbitraires, plus une, que vous voulez de parties sur AC; par le point G qui en résulte et par l'autre extrémité C, tirez une droite CG, puis à partir de G, portez CG sur le prolongement, autant de fois moins une que vous voulez de parties sur AC; plantez des jalons verticaux aux points 1, 2, 3, etc., de AG et du prolongement de CG; enfin, plantez d'autres jalons aux rencontres de l'alignement AC, et des alignemens 2.2, 3.3, etc. Les points D, E, etc., que vous marquerez ainsi, diviseront AC en parties égales.

107. Deux polygones dont l'un est la copie réduite de l'autre, sont dits *semblables :* les angles du premier sont égaux aux angles du second ; les angles égaux sont placés dans le même ordre sur les deux figures ; il en est de même des côtés *correspondans ,* c'est-à-dire de celui qui sépare deux angles, sur l'un des polygones, et de celui qui sépare, sur l'autre, les deux angles égaux aux précédens ; enfin , deux côtés correspondans se contiennent le même nombre de fois que deux autres côtés correspondans quelconques.

Toutes ces relations ont lieu à la fois pour deux triangles ABC, *abc* (P. II , F. 32), et ces triangles sont semblables , 1° lorsque deux angles quelconques A , B du grand sont égaux à deux angles *a , b* du petit ;

2° Lorsque les côtés correspondans se contiennent le même nombre de fois, c'est-à-dire quand AB contient *ab*, comme AC contient *ac*, comme BC contient *bc* ;

3° Lorsque deux côtés du grand triangle contiennent deux côtés du petit , le même nombre de fois, et que l'angle compris entre les premiers , égale l'angle compris entre les seconds ; quand, par exemple, AB contient *ab* , comme BC contient *bc*, et que l'angle B = *b* ;

4° Lorsque les trois côtés d'un triangle sont parallèles aux trois côtés de l'autre ; car alors les angles du grand. sont égaux à ceux du petit ;

5° Lorsque les trois côtés d'un triangle sont perpendiculaires aux trois côtés de l'autre : il en résulte aussi l'égalité des angles.

108. On n'a pas besoin de mesurer les superficies de deux triangles semblables , pour connaître combien de fois le grand contient le petit : il suffit de mesurer deux côtés correspondans AB, *ab* (P. II, F. 32), de faire le quarré de chacune de ces longueurs et de diviser le grand quarré par le petit ; car deux triangles semblables et en général *deux polygones semblables se contiennent , comme les quarrés de deux côtés correspondans.*

Si , par exemple, AB = 15 et que *ab* = 5 , le quarré de AB sera 225 ; celui de *ab* sera 25. Divisant 225 par 25, vous trouverez 9 pour quotient, et vous en conclurez que le triangle ABC contient 9 fois le triangle *abc*.

109. *Partager un champ triangulaire ABC en 4 portions égales* (P. II , F. 33).

Divisez chaque côté en deux parties égales (41) ; joignez les milieux par des droites DE, EF, FD ; vous

formerez quatre triangles, et chacun de ces petits triangles
sera le quart du grand.

En effet, DF est parallèle à BC (64); par suite, l'angle
ADF égale son correspondant B (44), et comme l'angle
A est commun aux triangles ABC, ADF, ces deux figures
sont semblables. Or, AB contient 2 fois AD; si donc vous
prenez AD pour unité de longueur, AD=1 et AB=2. Par
conséquent, le quarré de AB est 4, celui de AD est 1, et
ABC contient 4 fois ADF. Vous verrez de même que CEF
est le 2ᵉ quart de ABC, que BDE en est le 3ᵉ quart, et
vous conclurez que DEF en est le 4ᵉ; ou bien vous recon-
naîtrez facilement qu'en vertu des parallèles, les 4 petits
triangles ayant leurs côtés correspondans égaux, sont égaux;
d'où il résulte aussi que chacun est le quart de ABC.

*Partager un champ triangulaire ABC en 9 portions
égales* (P. II, F. 34).

Prenez la racine de 9, comme vous avez pris tout-à-
l'heure celle de 4, pour savoir en combien de parties
égales vous devez diviser les côtés. Cette racine est 3; partagez donc AB, BC, AC chacun en 3 parties égales, et joignez les points de division de deux côtés, par des parallèles
au troisième; vous formerez ainsi 9 triangles égaux.

Ces deux exemples suffisent pour montrer comment on
partage un triangle quelconque en autant de portions égales
que l'exprime le quarré d'un nombre entier.

110. Ils apprennent aussi que pour *réduire la superficie
d'un triangle quelconque à une grandeur indiquée par une
fraction dont le dénominateur est le quarré d'un nombre
entier*, il faut réduire chaque côté à une longueur marquée
par la fraction dont le dénominateur est ce nombre entier.
Si vous voulez, par exemple, réduire la superficie du
triangle à $\frac{1}{4}$, vous devrez réduire les côtés à $\frac{1}{2}$; s'il faut la réduire à $\frac{1}{9}$, vous réduirez les côtés à $\frac{1}{3}$. Lors donc qu'on réduit les côtés d'un triangle au cinquième, par exemple, on
en réduit réellement la superficie au vingt-cinquième, c'est-
à-dire qu'on obtient un triangle dont la superficie est la
vingt-cinquième partie de celle du triangle donné.

La réduction des côtés se fait au moyen du procédé
décrit dans le n° 65, et l'on forme le triangle demandé
en employant les côtés réduits, comme le prescrit le n° 95.

Réduire un polygone quelconque revient à réduire successivement plusieurs triangles, car tout polygone peut
être partagé en triangles par des diagonales. Supposons,

pour exemple, que vous ayez à réduire au seizième un plan (P. II, F. 35) qui présente un polygone ABCDE formé par un clocher A, une croix B, un arbre C, l'intersection D de deux chemins, et un moulin E. Vous prendrez le quart du côté AB, du côté BC et de la diagonale AC, au moyen d'un angle de réduction ; vous porterez le quart de AB sur une droite, de *a* en *b* ; de *a*, avec le quart de AC pour rayon, vous décrirez un petit arc ; de *b*, avec le quart de BC pour rayon, vous décrirez un autre petit arc qui coupe le premier en *c*, et le triangle *abc* sera la copie au seizième du triangle ABC. Ensuite, vous ferez de la même manière, sur *ac*, la copie du triangle ACD, au moyen du quart de AD et du quart de CD, puis sur *ad*, la copie de ADE ; vous obtiendrez ainsi le polygone *abcde* qui sera l'image exacte de ABCDE et dont la superficie contiendra la seizième partie de celle du grand polygone, étant composée de trois triangles égaux chacun au seizième du grand triangle correspondant.

Pour achever la copie du plan, il vous restera à dessiner entre *a* et *d* le chemin AD, entre *d* et *e* le chemin DE, entre *a* et *e* la rivière AE. On trace à vue ces lignes du plan, en les dirigeant par rapport à *ad*, *de*, *ae*, à-peu-près comme elles sont placées par rapport à AD, DE, AE.

111. Il est aisé, d'après ce qui vient d'être dit, de savoir à quelle grandeur on réduit un terrain dont on fait le plan au moyen d'une échelle. Si l'échelle est d'un centimètre pour mètre, les lignes sont réduites au centième, et par conséquent, la superficie est réduite au dix-millième, puisque 10 000 est le quarré de 100 ; si un millimètre réel de l'échelle représente un mètre, les lignes sont réduites au millième, et la superficie l'est au millionième, parce que le quarré de 1 000 est 1 000 000 ; si enfin l'échelle donne une ligne pour une toise, chaque distance du plan est la 864e partie de la distance correspondante du terrain, comme 1 ligne est la 864e partie de la toise, et la superficie d'une figure quelconque de ce plan se trouve contenue 746 496 fois dans la figure correspondante du terrain, attendu que ce nombre est le quarré de 864.

QUADRILATÈRES.

Toute face qui est limitée par quatre lignes droites se nomme *quadrilatère*. Il n'y a rien de particulier à dire sur les quadrilatères dont les côtés opposés se coupent quand on les prolonge ; mais souvent ces côtés opposés sont parallèles , et les formes qui en résultent méritent l'attention , à cause de leur emploi dans les arts.

Trapèze.

112. Un quadrilatère ABCD (P. II, F. 36) qui a deux côtés parallèles AB , CD , est appelé *trapèze* ; le plus grand CD de ces côtés en est la *grande base* , et le plus petit AB , la *petite base*. Lorsque les côtés non parallèles AD , BC, sont égaux , le trapèze est dit *symétrique*. Cette forme se rencontre dans les toits appelés *mansardes* , dans la *clef* d'une plate-bande en pierres taillées , dans les assemblages en *queue d'aronde* , etc.

Tracer un trapèze symétrique dont on connaît la grande base B , la hauteur H et la longueur L des côtés non parallèles (P. II , F. 36).

Tirez une droite et portez-y la base B , de C en D ; élevez une perpendiculaire au milieu de CD , ou en tout autre point ; prenez EF=H ; menez par F une parallèle à CD ; puis décrivez des points C , D , avec L pour rayon , deux arcs qui coupent cette parallèle chacun en deux points, et joignez aux extrémités de la base CD , les intersections A , B , les plus voisines de F ; vous aurez le trapèze symétrique ABCD.

Si au lieu de la longueur des côtés non parallèles , on connaissait la petite base , il faudrait en chercher la moitié (59) , puis porter cette moitié sur AB , à droite et à gauche de F.

Si au lieu de la grande base , c'était la petite qui fût donnée , avec la longueur L et la hauteur H , vous devriez joindre aux points C , D , les intersections G , H , les plus éloignées de F. Le résultat serait alors le trapèze CDHG.

Ces divers cas vous montrent qu'il faut trois choses pour *déterminer* un trapèze symétrique , c'est-à-dire , pour construire une face de cette forme , dans laquelle il n'entre rien d'arbitraire.

Parallélogramme.

113. Un quadrilatère ABCD (P. II , F. 37) dont les côtés opposés sont parallèles , est nommé *parallélogramme*. Ces côtés parallèles sont en outre de même longueur : AB=CD , AD=BC (63) , et l'intersection E des deux diagonales AC , BD est le milieu de chacune.

*Tracer un parallélogramme dont on connaît la base
B, la hauteur H, et la longueur L des deux côtés
qui rencontrent la base.*

Tirez une droite et portez-y la base B, de D en C;
élevez une perpendiculaire en un point quelconque de
CD; portez H de F en G; menez par le point G une
parallèle à CD; puis décrivez des points C, D, avec
L pour rayon, deux arcs qui coupent la parallèle en
deux points chacun, et joignez à C, D, les intersections
A, B situées à droite des centres ou les intersections H, I
situées à gauche. Vous aurez le parallélogramme ABCD
ou le parallélogramme CDIH qui remplira les conditions.

*Tracer un parallélogramme dont on connaît un angle
A et les deux côtés B, C qui forment cet angle*
(P. II, F. 38).

Faites un angle E égal à l'angle donné A (26), portez
la longueur B, sur l'un des côtés de cet angle, de E
en F, et la longueur C sur l'autre côté, de E en G;
décrivez un arc, de F, avec C pour rayon, et de G,
avec B, un second arc qui coupe le premier en H; joignez
enfin ce point H à F et à G. La figure EFHG sera
un parallélogramme puisque les côtés opposés seront égaux,
et de plus elle sera le seul qu'on puisse faire avec les
données du problème.

Vous voyez, par ces deux exemples, que trois choses
sont nécessaires pour déterminer un parallélogramme.

Losange.

114. Un parallélogramme ABCD (P. II, F. 39) dont
les quatre côtés sont égaux et obliques les uns sur les
autres, s'appelle *losange*; ses diagonales se coupent à angles
droits et par le milieu.

*Tracer un losange dont on connaît le côté L et une
diagonale M.*

Tirez une droite et portez-y la diagonale M, de A en
C; puis, des points A, C, avec L pour rayon, décrivez
deux arcs qui se coupent en deux points B, D, et tirez
les quatre rayons déterminés par ces intersections. Vous
aurez le losange ABCD qui satisfera aux conditions. Ainsi,
deux choses suffisent pour particulariser un losange : ces
deux choses pourraient être encore les diagonales ou un
angle et un côté.

Rectangle.

115. Un parallélogramme ACDE (P. II, F. 40) dont

les angles sont droits et les côtés contigus inégaux , se nomme *rectangle ;* ses diagonales sont égales et se coupent obliquement par le milieu ; de deux côtés contigus CD, CA, l'un est la base et l'autre la hauteur du rectangle.

Tracer un rectangle dont on connaît la base B et la hauteur H.

Tirez une droite et portez-y la base B , de C en D ; élevez au point C ou au point D une perpendiculaire , et prenez DE=H ; menez par E une parallèle à CD et par C une parrallèle à DE, ou bien décrivez un arc , de E , avec B pour rayon , et de C , avec H , un autre arc qui coupe le premier. L'intersection A des parallèles ou des arcs achèvera le rectangle ACDE.

Deux choses suffisent donc pour déterminer un rectangle : on pourrait donner aussi une diagonale avec la base ou la hauteur , et dans ce cas , vous trouveriez la hauteur ou la base par le second procédé du n° 101.

Carré.

116. Un rectangle dont tous les côtés sont égaux ou un losange dont les angles sont droits , est appelé *carré* ou quadrilatère régulier. La figure ABCD (P. II , F. 41) est un carré ; ses diagonales ont même longueur et se coupent à angles droits , par le milieu ; sa base et sa hauteur sont égales.

Tracer un carré dont le côté L est connu.

Opérez comme pour faire un rectangle dont la base et la hauteur seraient égales à L ; ou bien , tracez deux droites AC, BD, qui se coupent à angles droits (41) ; décrivez de leur intersection E , avec un rayon quelconque , un arc qui les coupe aux points F , G ; portez L sur la droite FG , de F en H ; menez par H une parallèle à BD , jusqu'à AC ; menez par A une parallèle à FH , jusqu'à BD. Vous aurez AB=FH=L (63) , et il vous restera à rapporter BA de B en C , par un arc décrit de B , et de A en D , par un arc décrit de A , puis à joindre C, D. La figure ABCD ainsi tracée sera un carré , car EA=EB.

117. *Tracer un cercle autour d'un obstacle qui empêche de marquer le centre ou de faire circuler un cordeau.*

Construisez autour de l'obstacle un carré ABCD dont le côté égale le diamètre du cercle à tracer (P. II , F. 42) ; divisez chaque côté en douze parties égales ; numérotez celles de AB , CD , en allant des extrémités au milieu , et celles de AD , BC , en allant du milieu aux extrémités ;

joignez ensuite chaque point de division d'un demi-côté à celui qui porte le même numéro sur la première moitié du côté suivant : par exemple, le point 6 qui avoisine A sur AD, au point 6 de AB; le point 5 de A1, moitié de AD, au point 5 de A6 première moitié du côté suivant AB; etc. L'intersection des droites 1.1 et 2.2, celle de 2.2 et de 3.3, celle de 3.3 et de 4.4, etc., seront des points d'une courbe très-peu différente d'un cercle qui aurait son centre à l'intersection des diagonales du carré et qui toucherait les quatre côtés à leurs points milieux 1, 1, 6, 6. Pour tracer cette courbe, il vous suffira d'en joindre les différens points par des arcs faits à la main; ou bien vous planterez des piquets près de ces points, les uns en dedans de quelque peu, les autres de quelque peu en dehors; vous engagerez de champ une règle ployante entre les piquets, et enfin vous ferez glisser le long de la règle une pointe à tracer.

118. *Planter des arbres en quinconce.*

Tracez deux droites d'équerre AB, AD (P. II, F. 43); portez sur l'une et sur l'autre autant de fois l'intervalle de deux arbres, que vous voulez de rangées dans les deux sens perpendiculaires; achevez le rectangle ou le carré ABCD; portez le même intervalle sur les côtés BC, CD autant de fois que les deux autres côtés le contiennent; puis joignez les points de division opposés; vous aurez des parallèles qui se couperont d'équerre et formeront des carrés. C'est aux intersections de toutes ces droites, sommets des carrés, que doivent être plantés les arbres : ils seront disposés en quinconce et formeront des allées dans tous les sens.

Comparaison des quadrilatères.

119. Deux quadrilatères quelconques ABCD, A′B′C′D′ sont égaux (P. II, F. 44), si la diagonale AC de l'un le partage en deux triangles ABC, ACD égaux aux triangles A′B′C′, A′C′D′ que la diagonale A′C′ forme dans l'autre. Or, le triangle ABC=A′B′C′ quand les côtés du premier égalent les côtés du second; le triangle ACD=A′C′D′ dans la même circonstance. Nous pouvons donc dire, en principe, que deux quadrilatères quelconques sont égaux, lorsque les côtés et une diagonale de l'un égalent les côtés de même rang et la diagonale correspondante de l'autre. Ainsi, quand vous aurez reconnu que AB=A′B′, BC=B′C′, CD=C′D′, DA=D′A′ et que AC=A′C′, vous pourrez affirmer que la face ABCD=A′B′C′D′.

Il suffit donc , pour *faire un quadrilatère qui soit égal à un quadrilatère donné ABCD* , de tirer la diagonale AC et de construire sur une droite A'C'=AC , deux triangles A'B'C' , A'C'D' qui soient égaux aux triangles ABC , ACD (95 , 96 , 97).

Deux trapèzes quelconques sont égaux , lorsque les côtés de l'un sont égaux aux côtés correspondans de l'autre. Ainsi , pour cette sorte de quadrilatères , il n'est pas né- cessaire de reconnaître si l'une des diagonales a même lon- gueur dans les deux figures.

L'égalité des parallélogrammes quelconques et celle des losanges ont lieu dans les mêmes circonstances que celle des quadrilatères quelconques.

Deux parallélogrammes qui ont des bases égales et des hauteurs égales sont équivalens. Ainsi, un parallélogramme et un rectangle , qui ne pouvant pas se couvrir exactement, ne sont jamais égaux, peuvent pourtant renfermer la même superficie.

Lorsque deux parallélogrammes ont seulement des bases égales, leurs superficies se contiennent comme les hauteurs. Si l'une des figures a une hauteur double ou triple de la hauteur de l'autre , sa superficie est aussi double ou triple de la superficie de cet autre.

Quand les hauteurs seulement sont égales, les superficies des deux parallélogrammes se contiennent comme les bases ; il suffit donc de mesurer et de comparer ces bases , pour comparer les superficies. Ainsi , dans le cas où l'une des bases serait de 2 mètres et l'autre de 3^m , le parallélo- gramme qui aurait la première base serait les $\frac{2}{3}$ de celui qui aurait la seconde.

L'égalité des rectangles a lieu dans les mêmes circons- tances que celle des trapèzes ; mais comme les côtés op- posés d'un rectangle sont égaux , on peut dire aussi qu'il y a égalité entre deux rectangles , quand elle existe entre leurs bases et entre leurs hauteurs. Du reste , il en est des rectangles qui ont seulement des bases égales ou seulement des hauteurs égales, comme des parallélogrammes quelconques dans les mêmes cas , puisque le rectangle n'est qu'un cas particulier du parallélogramme.

Deux carrés sont égaux dans les mêmes circonstances que les rectangles ; mais comme la base et la hauteur d'un carré sont égales , on peut dire aussi que deux carrés sont égaux , quand il est reconnu que le côté de l'un est de même longueur que celui de l'autre.

Mesurage des quadrilatères et des triangles.

120. L'unité de mesure pour les superficies est la superficie d'un carré qui a pour côté l'unité de mesure des
longueurs. Si ce côté est un pouce, l'unité de superficie
est dite *pouce carré*, ce qui signifie *carré d'un pouce de
côté*; si le côté est d'un pied, on a le *pied carré*; s'il
est d'une toise, d'une lieue, etc., il donne la *toise carrée*,
la *lieue carrée*, etc.

L'ancienne *perche carrée* présentait un carré dont le
côté était la perche linéaire ou des longueurs, qui avait
22 pieds. Un carré dont le côté contenait 10 perches linéaires ou 220 pieds formait l'arpent des Eaux et forêts.

On employait aussi autrefois des rectangles, pour unités
des superficies: la *toise-ligne* était un rectangle qui avait
une toise de base sur une ligne de hauteur; la *toise-pouce*
était un rectangle qui avait une toise sur un pouce; la
toise-pied était un rectangle qui avait une toise sur un pied.

121. Le carré qui sert à mesurer les superficies, selon
le système métrique ou décimal, se nomme *millimètre
carré*, si le côté est un millimètre; *centimètre carré*, si
le côté est un centimètre; *décimètre carré*, si le côté est
un décimètre; *mètre carré* ou *centiare*, si le côté est un
mètre; *décamètre carré* ou *are* ou *perche métrique*, si
le côté a 10 mètres; *hectomètre carré* ou *hectare* ou *arpent métrique*, si le côté a 100 mètres; *kilomètre carré*
ou *myriare*, si le côté a 1000 mètres; enfin *myriamètre
carré*, si le côté a 10000 mètres.

On emploie aussi des rectangles métriques pour unités
de superficie : les uns ont un mètre pour base et un millimètre ou un centimètre ou un décimètre pour hauteur;
les autres ont un décamètre pour base, et un mètre ou un
décimètre de hauteur.

122. Quelle que soit l'unité de superficie, un rectangle
la contient autant de fois que l'exprime le produit de la
base, mesurée avec la base de cette unité, multipliée par
la hauteur, mesurée avec la hauteur de la même unité.

Supposons d'abord que l'unité de superficie soit un carré,
et prenons pour exemple le rectangle ABCD (P. II, F. 43).
Si le côté du carré est contenu 6 fois dans la base CD,
nous obtiendrons 6 bandes rectangulaires, en traçant des
parallèles à CB par les points de division; et si le même
côté est contenu 8 fois dans la hauteur AD, nous divi-
serons chacune des 6 bandes en 8 carrés égaux, au moyen

de parallèles à AB menées par les points de division de AD. Or, il est clair que pour avoir le nombre total 48 des carrés du rectangle, il suffit de répéter le nombre des carrés d'une bande, autant de fois qu'il y a de bandes, et cela revient à multiplier 8, longueur de la hauteur AD mesurée avec le côté du carré, par 6, longueur de la base CD mesurée avec le même côté.

Si donc vous voulez mesurer en mètres carrés la superficie d'un rectangle tel que ABCD, vous mesurerez sa base et sa hauteur avec le mètre linéaire, et vous ferez le produit des deux longueurs trouvées. Si vous voulez obtenir la même superficie en toises carrées, vous mesurerez la base et la hauteur avec la toise linéaire, et vous ferez aussi le produit des deux longueurs trouvées.

Supposons maintenant que l'unité de superficie soit un rectangle dont la base ait une longueur b et la hauteur une longueur h (P. II, F. 45). Supposons encore que la base AB du rectangle ABCD à mesurer contienne 3 fois b, et que la hauteur AD contienne 4 fois h. Des parallèles à AD menées par les points de division de AB, donneront 3 bandes rectangulaires qui auront chacune b pour base et AD pour hauteur ; des parallèles à AB menées par les points de division de AD, partageront chacune de ces bandes en 4 petits rectangles qui auront chacun b pour base et h pour hauteur. Or, pour connaître le nombre total 12 de ces petits rectangles, il suffira de répéter le nombre de ceux d'une bande, autant de fois qu'il y a de bandes, et cela revient à multiplier 4, longueur de la hauteur AD mesurée avec h, par 3, longueur de la base AB mesurée avec b.

Si donc il s'agissait de mesurer en toises—pieds la superficie d'un rectangle tel que ABCD, vous mesureriez sa base AB avec la toise et sa hauteur AD avec le pied ; le produit des deux longueurs trouvées vous donnerait le nombre de toises—pieds demandé. S'il fallait obtenir la même superficie en rectangles d'un mètre de base, sur un décimètre de hauteur, vous mesureriez AB en mètres et AD en décimètres ; le produit serait le nombre des petits rectangles contenus dans le grand.

123. Ce qui vient d'être dit du mesurage d'un rectangle s'applique aussi à celui d'un carré, puisque le carré n'est qu'un cas particulier du rectangle. Il s'en suit que la toise carrée contient 36 pieds carrés, car les deux côtés de la toise carrée contiennent chacun 6 pieds linéaires,

I I

et $6\times6=36$. Pour une raison analogue , le pied carré vaut 144 pouces carrés , le pouce carré vaut 144 lignes carrées, la perche carrée vaut 484 pieds carrés , l'arpent vaut 100 perches carrées.

Vous voyez aussi que le myriamètre carré contient 100 kilomètres carrés ou myriares , puisque le myriamètre linéaire vaut 10 kilomètres linéaires. Pour la même raison, le myriare vaut 100 hectares , l'hectare vaut 100 ares , l'are vaut 100 centiares ou mètres carrés, le mètre carré vaut 100 décimètres carrés , le décimètre carré vaut 100 centimètres carrés, et le centimètre carré vaut 100 millimètres carrés.

124. Le principe du n° 122 montre encore que la toise carrée renferme 6 toises-pieds , que la toise-pied équivaut à 12 toises-pouces ou à 6 pieds carrés , et que la toise-pouce fait 12 toises-lignes ou 72 pouces carrés.

Quant aux rectangles métriques , chacun est le dixième de celui qui a une hauteur décuple de la sienne : le rectangle d'un mètre de base et d'un millimètre de hauteur, par exemple , est le dixième du rectangle d'un mètre de base et d'un centimètre de hauteur. Il s'en suit que le mètre carré vaut 10 mètres-décimètres. Il est visible d'ailleurs que le mètre-décimètre contient 10 décimètres carrés, que le mètre-centimètre contient 100 centimètres carrés etc.

125. *Mesurer un rectangle en mètres carrés et parties rectangulaires ou décimales du mètre carré.*

Mesurez sa base et sa hauteur en mètres et parties du mètre. La première contiendra , par exemple , $3^m,455$ et la seconde $2^m,32$. Vous multiplierez ces deux nombres l'un par l'autre ; le produit $8^{mm},6156$ indiquera que la superficie du rectangle vaut 8 mètres carrés et 6156 dix-millièmes de mètre carré , ou 8 mètres carrés , 1 mètre-centimètre , 5 mètres-millimètres et 6 dixièmes de mètre-millimètre (124).

Remarquez que les mètres carrés se désignent par deux m.

Il suit de ce mesurage que pour partager un rectangle en un certain nombre de portions égales , il suffit de diviser deux côtés opposés en autant de parties égales , et de joindre les points de division correspondans ; car il résulte de ces opérations un nombre de petits rectangles égal à celui des portions ; tous ces rectangles ont la même longueur pour base et un des côtés du grand rectangle pour hauteur ; leurs superficies sont par conséquent égales.

126. *Mesurer un rectangle en mètres carrés et parties carrées.*

Mesurez la base et la hauteur en mètres et parties du mètre. Si , comme dans le cas précédent , la première contient $3^m,455$, et la seconde $2^m,32$, vous multiplierez aussi ces deux nombres l'un par l'autre. Le produit 8^{mm}, 0156 indiquera que la superficie du rectangle renferme 8 mètres carrés , un décimètre carré et 56 centimètres carrés (123).

Cela vous montre que le second mesurage se fait absolument comme le premier ; seulement , il faut , pour obtenir les parties carrées ou centésimales du mètre carré, partager les décimales du produit en groupes de deux chiffres chacun , à partir de la virgule. Si le dernier groupe à droite n'avait qu'un chiffre , vous le compléteriez en écrivant un zéro à la suite de ce chiffre.

127. *Mesurer un rectangle en hectares.*

Mesurez la base et la hauteur au moyen de la chaîne métrique. Cette chaîne est un décamètres linéaire : elle a 10 mètres, mesure prise depuis l'extrémité intérieure d'une des *poignées* en fer qui la terminent , jusqu'à l'extrémité intérieure de l'autre. Comme les chaînons dont elle est formée, ont 5 décimètres chacun , et que les mètres y sont marqués par des anneaux de laiton , elle permet d'apprécier les mètres et même les décimètres que contient une longueur, en sus d'un certain nombre de décamètres.

Supposons donc qu'à l'aide d'une chaîne nouvelle , vous ayez trouvé 15 décamètres , 4 mètres , 5 décimètres , ou $15^d,45$ pour la base du rectangle , et 9 décamètres , 3 mètres , 2 décimètres , ou $9^d,32$ pour la hauteur.

Vous multiplierez l'un par l'autre , les deux nombres $15^d,45$ et 9^d32. Le produit $143^a,9940$ indiquera que le rectangle contient 143 décamètres carrés ou ares , 99 centiares et 40 centièmes de centiares (123).

Mais , on néglige ordinairement les fractions du centiare ; par conséquent , le rectangle donné vaut 143 ares et 99 centiares , ou 1 hectare , 43 ares , 99 centiares.

Si vous négligiez les décimètres de la base et de la hauteur , vous ne trouveriez que 1 hectare , 43 ares et 22 centiares. Il y aurait donc une erreur en moins de 77 centiares , erreur beaucoup trop grande pour qu'on s'expose à la commettre.

Ainsi , pour le mesurage en hectares , il faut mesurer la base et la hauteur du rectangle en décimètres , multiplier les deux longueurs l'une par l'autre , séparer 6 décimales et barrer les deux dernières.

En suivant cette règle , vous auriez, dans l'exemple

précédent, à multiplier 1545 par 932 ; vous mettriez une virgule entre le 6e et le 7e chiffre du produit 1439940; vous effaceriez les deux premiers, et vous obtiendriez 1^{h},4399.

128. *Mesurer un rectangle en toises carrées et parties carrées de la toise carrée.*

Supposons que la base du rectangle soit de 5^{t} 4^{pi} et que la hauteur ait 2^{t} 0^{pi} 8^{po} 10^{li}. Vous convertirez ces deux longueurs en unités de la plus petite des espèces qu'elles renferment, en lignes par conséquent. Elles donneront, la première 4896^{l}, la seconde 1834^{li}. Multipliant l'un par l'autre ces deux nombres de lignes, vous trouverez 8979264$^{\text{l.l}}$ pour la superficie du rectangle, et il vous restera à chercher combien ce nombre de lignes carrées forme de pouces carrés, de pieds carrés et de toises carrées. A cet effet, vous diviserez 8979264$^{\text{l.l}}$ par 144$^{\text{l.l}}$ valeur d'un pouce carré ; le quotient donne exactement 62356$^{\text{P.P}}$; il n'y a donc pas de lignes carrées dans le rectangle proposé. Divisant ensuite le nombre de pouces carrés par 144$^{\text{P.P}}$ valeur d'un pied carré, vous obtiendrez 4$^{\text{P.P}}$ pour reste et 433$^{\text{P.P}}$ pour quotient. Divisant enfin le nombre de pieds carrés par 36$^{\text{P.P}}$ valeur d'une toise carrée, vous trouverez pour reste 1$^{\text{P.P}}$ et pour quotient 12$^{\text{t.t}}$. Ainsi, le nombre 8979264$^{\text{l.l}}$=12$^{\text{t.t}}$ 1$^{\text{P.P}}$ 4$^{\text{P.P}}$, ou bien la superficie du rectangle vaut 12 toises carrées, 1 pied carré et 4 pouces carrés.

129. *Mesurer un rectangle en toises carrées et parties rectangulaires de la toise carrée.*

Supposez que la base du rectangle soit, comme dans le cas précédent, 5^{t} 4^{pi} et que la hauteur ait aussi 2^{t} 0^{pi} 8^{P} 10^{li}. Vous ferez le produit de ces deux longueurs, par une multiplication complexe, en considérant le multiplicande 2^{t} 0^{pi} 8^{po} 10^{l}, par exemple, comme exprimant des toises carrées, des toises-pieds, des toises-pouces et des toises-lignes, et en observant que la toise-pied vaut $\frac{1}{6}$ de la toise carrée, que la toise-pouce vaut $\frac{1}{12}$ de la toise-pied, que la toise-ligne vaut $\frac{1}{12}$ de la toise pouce (124). Voici l'opération :

	2$^{\text{t.t}}$	0$^{\text{t.pi}}$	8$^{\text{t.po}}$	10$^{\text{t.l}}$	
	5^{t}	4^{pi}			
	10$^{\text{t.t}}$				
Pour 5 toises.		3$^{\text{t.po}}$	4$^{\text{t.po}}$		
			4	2$^{\text{t.l}}$	
Pour 3^{pi} ou ½ toise. .	1	0	4	5	
Pour 1^{pi} ou ⅓ de 3^{pi}.		2	1	5	⅔
	12$^{\text{t.t}}$	0$^{\text{t.pi}}$	2$^{\text{t.po}}$	0$^{\text{t.l}}$	⅔

Le résultat est exactement égal au précédent $12^{t \cdot t}$ $1^{P \cdot P}$ $4^{P \cdot P}$, car une toise-ligne vaut $864^{l \cdot l}$ dont les $\frac{2}{3}$ font $576^{l \cdot l}$ ou $4^{P \cdot P}$; $1^{t \cdot P^o}$ vaut $72^{P \cdot P}$, et $2^{t \cdot P^o}$ valent $134^{P \cdot P}$ ou $1^{P \cdot P}$.

Remarquez que je n'ai point fait de produit auxiliaire, pour passer des toises carrées aux toises pouces. J'ai dit 5 fois $8^{t \cdot P^o}$ font $40^{t \cdot P^o}$ qui, divisées par 12, donnent $3^{t \cdot P^i}$ et $4^{t \cdot P^o}$; 5 fois $10^{t \cdot l}$ font $50^{t \cdot l}$ qui, divisées par 12, donnent $4^{t \cdot P^o}$ et $2^{t \cdot l}$. On arriverait toutefois au même résultat en faisant un produit auxiliaire.

130. *Mesurer un rectangle en arpens et perches carrées.*

A l'aide de la perche linéaire, ancienne chaîne d'arpenteur longue de 22^{pi}, vous trouverez, par exemple, 23 perches 5^{pi} dans la base et 12^P 18^{pi} dans la hauteur. Si vous voulez une grande exactitude, vous ferez une multiplication complexe avec ces deux nombres, en regardant le multiplicande comme exprimant des perches carrées et des perches-pieds, observant qu'il y a 22 perches-pieds dans une perche carrée, et décomposant les pieds en 11, plus un certain nombre de fois 2, plus 1. Vous trouverez ainsi 297^{PP} 15^{Ppi} $\frac{13}{44}$.

S'il n'est pas nécessaire de connaître très-exactement les parties de perche carrée, multipliez les perches de chaque nombre par les pieds de l'autre et additionnez les deux produits; vous aurez $23^P \times 18^{pi} + 12^P \times 5^{pi} = 474^{Ppi}$. Au lieu de de diviser ce nombre par 22 pour avoir des perches carrées, divisez-le par 20, en séparant un chiffre et prenant la moitié; vous trouverez 23,7. Retranchez de 23,7 son dixième 2,37; le reste sera 21^{PP},33; ajoutez-y $23^P \times 12^P = 276^{PP}$, vous aurez en tout 297^{PP},33, nombre qui diffère peu de $297^{PP} 15^{Ppi}$. Pour approcher plus près encore, il faudrait multiplier 18^{pi} par 5^{pi} et comparer le produit 90^{pipi} à 484 nombre des pieds carrés d'une perche carrée. Comme 90 est à-peu-près $\frac{1}{5}$ de 484, vous ajouteriez 0^{PP},20 à 297^{PP},33, et vous auriez en tout 297^{PP},53.

Ayant le nombre des perches carrées, il ne s'agit plus que de séparer les deux premiers chiffres à droite, dans la partie entière, pour avoir le nombre des arpens (123). Ainsi, la surperficie demandée est à-peu-près 2 arpens 97^{Pi} 15^{Ppi} ou 2^a 97^{PP},53.

Il vous suffira de comparer les divers mesurages qui précèdent, pour vous convaincre du grand avantage qu'a l'emploi des mesures métriques sur celui des mesures anciennes.

131. *Combien faut-il de rouleaux de papier de tenture pour couvrir un pan de mur qui n'a aucune ouverture,*

dont la longueur est $3^m,55$ *et dont la hauteur est* $2^m,80$?

La superficie du mur est $3^m,55 \times 2^m,80 = 9^{mm},94$. Un rouleau de papier contient 24 feuilles qui ont environ $0^m,34$ de hauteur sur $0^m,5$ de largeur. La longueur du rouleau est donc $0^m,34 \times 24 = 8^m,16$. Comptons seulement 8^m, à cause des rognures. La superficie d'un rouleau sera $8^m \times 0^m,5 = 4^{mm}$, car le rouleau est un rectangle, comme le pan de mur. Cherchant combien de fois $9^{mm},94$ contiennent 4^{mm}, ou prenant le quart de $9,94$, nous trouverons qu'il faut $2,49$ rouleau ou à-peu-près 2 rouleaux et demi.

Cet exemple vous montre que pour comparer deux rectangles, ou pour savoir combien l'un contient l'autre, on doit calculer leurs superficies en unités de même espèce et diviser celle du premier par celle du second.

132. *Un rectangle a* 4^m *de base et* $1^m,2$ *de hauteur. On veut en faire un autre qui soit équivalent à celui-là, et qui n'ait que* 3^m *de base; quelle hauteur doit-on lui donner?*

Le rectangle dont la hauteur est connue a $4^{mm},8$ de superficie. L'autre devant être équivalent à celui-là, aura aussi une superficie de $4^{mm},8$. Or, ce nombre doit égaler le produit de la base 3^m multipliée par la hauteur inconnue. Si donc vous divisez $4,8$ par 3, vous trouverez cette hauteur pour quotient. Ainsi, le nouveau rectangle devra avoir $1^m,6$ de hauteur.

133. Tout ce qui a été dit du mesurage des rectangles s'applique entièrement à celui des carrés. Mais, comme la base et la hauteur d'un carré sont égales, il suffit, pour calculer la superficie d'une telle figure, de mesurer un des côtés et de multiplier par elle-même la longueur trouvée. Ainsi, un carré dont le côté serait de $4^m,7$, aurait $22^{mm},09$ de superficie. Or, ce nombre $22,09$ qui résulte de $4,7 \times 4,7$ est le quarré du côté (102). De là ce principe, que *la superficie d'un carré égale le quarré numérique du côté.*

134. *Faire un carré qui soit équivalent à la somme de plusieurs autres.*

Soient A, B, C les carrés donnés (P. II, F. 46). Vous tracerez deux droites d'équerre; vous porterez sur l'une le côté du carré A, de D en E, et sur l'autre le côté du carré B, de D en F. Le carré qui serait fait sur EF vaudrait la somme des carrés A, B, puisque les superficies sont exprimées par les quarrés des côtés, et que le quarré de la longueur EF égale la somme des quarrés des longueurs DE, DF (103). Élevez maintenant une perpendiculaire sur EF, au point E par exemple, et portez-y le côté de C., de E en G. La droite FG sera le côté d'un carré qui vaudra la somme de C et du carré fait sur EF. Si donc vous faites un carré avec FG (116), il sera équivalent à la somme des trois carrés donnés.

Vous pourriez évidemment, par le même moyen, doubler ou tripler un carré : il suffirait de prendre les longueurs DE, DF, EG égales chacune au côté du carré donné.

Au reste, ces tracés ne sont pas particuliers au carré. On peut les appliquer à tous les polygones semblables et même aux cercles qui sont aussi des figures semblables. En prenant DE, DF, EG égales à des côtés correspondans de polygones semblables, vous auriez dans FG le côté correspondant d'un polygone qui, fait semblable aux polygones donnés (110), vaudrait leur somme. Pour les cercles, vous prendriez DE, DF, EG égales aux rayons ou aux diamètres, et FG serait le rayon ou le diamètre d'un cercle dont la superficie égalerait la somme de celles des cercles donnés. Vous pouvez donc doubler ou tripler un cercle aussi aisément qu'un carré (108).

135. *On a besoin pour construire des bâtimens, d'un espace carré qui renferme* 273529^{mm} ; *quel est le côté de ce carré?*

Le nombre 273 529 est le quarré de la longueur du côté (133). Il faut donc en extraire la racine, pour connaître cette longueur. En opérant comme il est prescrit dans le n° 102, vous trouverez que le côté du carré doit avoir 523^{m}. Vous construirez la figure soit au moyen du procédé 115, soit au moyen de celui du n° 116.

Il est visible d'après cela, que pour construire un carré qui soit équivalent à une figure donnée, on doit mesurer la superficie de cette figure, puis extraire la racine du nombre obtenu.

136. Si un parallélogramme et un rectangle ont des bases égales et des hauteurs égales, ils sont équivalens. La superficie du parallélogramme se mesure donc comme celle du rectangle : il faut en multiplier la base par la hauteur. Supposez que la base CD du parallélogramme ABCD (P. II, F. 3⁷) ait $6^{m},5o$ et que la hauteur FG soit de $5^{m},25$. La superficie sera $6^{m},5o \times 5^{m},25 = 35^{mm},125$. Vous trouveriez encore le même nombre de mètres carrés, si vous mesuriez comme base le côté BC, et comme hauteur une perpendiculaire abaissée sur BC, d'un point quelconque de AD.

La division du rectangle en portions égales s'applique évidemment au parallélogramme (125).

On veut connaître combien coûtera en totalité le cré-
pis d'un mur de cimetière, et l'on sait que le mètre carré
se paie $0^f,45$, *que la forme du terrain est celle d'un rec-*
tangle, que ce rectangle est incliné, que les deux côtés
horizontaux ont chacun 123^m, *que les deux côtés inclinés*
ont chacun 85^m, *que leur pente totale est de* $8^m,50$ *et*
que la hauteur verticale des murs sera de 2^m.

Les murs qui seront élevés selon la pente, auront pour faces à crépir, des parallélogrammes tels que ABCD (P. II, F. 47) dont la base BC$=2^m$ et dont la hauteur est l'horizontale AE. Nous calculerons cette hauteur au moyen du triangle rectangle AEB dans lequel BE$=8,50$ et l'hypothénuse AB$=85^m$; nous trouverons (103) que AE$=84^m,573$. La superficie de chaque parallélogramme sera donc $169^{mm},146$. Il faut la quadrupler pour avoir la surface totale des deux murs en pente, car ils ont chacun une face intérieure et une face extérieure. Or, $169^{m.m},146 \times 4 = 676^{m.m}584$. Les faces à crépir des deux autres pans de mur, sont des rectangles égaux dont la base a 123^m et la hauteur 2^m. La superficie d'un de ces rectangles sera donc $123^m \times 2^m = 246^{mm}$; quadruplant, nous aurons 984^{mm} pour la surface totale des deux pans rec-tangulaires; ajoutant à ces 984^{mm}, les $676^{mm},584$ déjà trouvés, nous saurons que la superficie du crépis sera de $1660^{mm},584$, et multipliant $0^f,45$ par ce nombre de mètres carrés, nous obtiendrons enfin $747^f,26$ pour le prix demandé.

137. Un triangle est toujours la moitié d'un parallé-logramme de même base et de même hauteur; car si par le sommet B du triangle BCD (P. II, F. 37), vous me-nez une parallèle à la base CD, et par D une parallèle au côté BC, vous formerez le parallélogramme ABCD qui aura même base et même hauteur que le triangle et qui le contiendra deux fois. Les deux triangles BCD, DAB sont effectivement égaux, puisque les côtés de l'un égalent les côtés de l'autre (104). Or, la superficie du parallélo-gramme est le produit de la base CD multipliée par la hauteur FG; celle du triangle BCD sera donc la moitié de ce produit. Ainsi, pour mesurer un triangle, il faut mesurer la base et la hauteur avec la même unité, faire le produit des deux longueurs trouvées et prendre la moi-tié de ce produit.

Le résultat reste le même quel que soit le côté qu'on prenne pour base, pourvu que la hauteur égale la perpendiculaire abaissée sur ce côté, du sommet opposé.

On veut couvrir la croupe triangulaire d'un toit avec des tuiles plates de 0^m,24 sur 0^m,16 qui entrent au nombre de 70 dans le mètre carré; la base du triangle a 12^m,50 et la hauteur 3^m,15; combien faudra-t-il de tuiles?

Je multiplie $12^m,50$ par $3^m,15$ et j'ai pour produit $39^{mm},375$. Prenant la moitié, je trouve que la superficie du triangle est de $19^{mm},6875$. Multipliant 70 par ce nombre de mètres carrés, j'obtiens en nombre entier 1379 pour la quantité de tuiles demandée.

138. Il peut arriver et il arrive assez souvent que l'intérieur d'un triangle présente des obstacles qui empêchent d'en mesurer la hauteur. Dans ce cas, on prolonge la base AC (P. II, F. 30); on mène une parallèle BD à cette base, par le sommet opposé B (46), et en un point F quelconque du prolongement, on élève une perpendiculaire jusqu'à la rencontre de BD (36). Cette perpendiculaire DF=BE hauteur du triangle ABC, puisque ces droites sont des parallèles comprises entre parallèles.

Vous pouvez aussi, au lieu d'employer ce procédé, calculer la superficie du triangle au moyen des trois côtés. C'est même là ce qu'il faut faire, toutes les fois que les longueurs de ces côtés sont connues, afin d'éviter le mesurage de la hauteur et l'erreur qui en est inséparable.

Soit proposé de déterminer la superficie d'un triangle dont les trois côtés ont 15^m, 23^m, $32^m,25$. Vous ferez la somme de ces trois longueurs; vous prendrez la moitié de cette somme $70^m,25$ et vous aurez $35^m,125$. Cherchez alors l'excès de la demi-somme 35,125 sur chaque côté; vous trouverez 35,125—15=20,125, puis 35,125—23=12,125, puis 35,125—32,25=2,875. Multipliez ensuite la demi-somme 35,125 par le 1er excès 20,125, vous aurez 711,28125; multipliez ce produit par le 2e excès 12,125, vous aurez 8624,285156; multipliez ce second produit par le 3e excès 2,875, vous aurez 24794,819823; extrayez enfin la racine de ce troisième produit, vous obtiendrez $157^{mm},464$ pour la superficie du triangle.

Remarquez qu'il suffit de conserver 6 décimales dans chaque produit, lorsqu'on veut se borner aux millièmes de mètre carré pour la superficie. Il suffirait d'en conserver 4, si l'on voulait se borner aux centièmes de la racine quarrée. Bien entendu qu'il faut augmenter d'une unité la dernière des décimales conservées ; quand la première de celles qu'on supprime n'est pas moindre que 5.

 139. C'est au moyen du mesurage des triangles que s'exécute celui d'un quadrilatère quelconque ABCD (P. II, F. 44) qui n'est ni rectangle, ni carré, ni parallélogramme, ou dont on ne connaît pas là forme. On calcule la superficie de chacun des triangles ABC, ACD formés par une diagonale (137), et la somme des deux nombres trouvés donne la superficie du quadrilatère.

Il est à observer que la diagonale AC doit être prise pour base de chaque triangle, toutes les fois qu'elle peut être mesurée directement, afin qu'il n'y ait que trois mesurages de longueurs à effectuer, au lieu de quatre. Cependant, si le quadrilatère était reconnu pour un trapèze, vous n'auriez non plus que trois droites à mesurer, en prenant pour bases des deux triangles, les côtés parallèles de la figure. Dans ce cas, vous multiplieriez AB, puis CD par la hauteur EF commune aux triangles ABD, BCD (P. II. F. 36), et vous feriez la somme des moitiés des deux produits ; ou pour éviter une multiplication et une division, vous ajouteriez les longueurs des bases AB, CD ; vous prendriez la moitié du résultat, et vous multiplieriez cette demi-somme des bases du trapèze par sa hauteur EF ; le produit serait la superficie cherchée.

Polygones réguliers.

140. Des polygones dont le nombre de côtés surpasse 4, il n'y a que les réguliers qui donnent lieu à des tracés intéressans (100). Ceux-là sont aussi les seuls dont les propriétés doivent nous occuper. Voici néanmoins un premier principe qui concerne à la fois les polygones réguliers et les irréguliers. *La somme des angles intérieurs d'un polygone quelconque vaut deux angles droits ou 180° multipliés par leur nombre diminué de 2.* Vous voyez effectivement qu'un polygone ABCDE (P. II, F. 35) a autant de diagonales qui partent d'un même sommet A, que l'exprime le nombre des angles diminué de 3, et comme le nombre de ces diagonales est inférieur d'une unité à celui des triangles qu'elles forment, il y a autant de ces triangles que l'indique le nombre des angles du polygone diminué de 2. Or, ces angles sont composés de ceux des triangles, et la somme des angles de chaque triangle est 180° (94). Donc, la somme des angles du polygone vaut 180° multi-

pliés par le nombre des triangles ou par le nombre même de ces angles diminué de 2.

Trouver l'indication de l'angle intérieur d'un polygone régulier.

Comptez les angles du polygone ; ôtez deux unités de leur nombre ; multipliez 180° par le reste, vous aurez la somme des indications de tous ces angles. Or, ils sont égaux, puisque le polygone est régulier ; si donc vous divisez le produit par leur nombre, le quotient sera l'indication d'un seul.

Voulez-vous connaître, par exemple, l'angle intérieur d'un carré? Vous ôtez 2 du nombre 4 des angles ou des côtés ; vous multipliez 180° par le reste 2, et vous divisez le produit 360° par 4. Le quotient 90 montre que l'angle intérieur du carré est de 90°, ce que vous saviez déjà. Faisant les mêmes opérations pour le triangle équilatéral, vous verriez que son angle est de 60°, principe qui a été établi dans le n° 100.

141. Les polygones qui ont plus de 4 angles ou de 4 côtés, se nomment *pentagones* s'ils en ont 5, *hexagones* s'ils en ont 6, *octogones* s'ils en ont 8, *décagones* s'ils en ont 10, *dodécagones* s'ils en ont 12, *pentédécagones* s'ils en ont 15. Les autres polygones étant rarement employés dans les arts, ne portent pas de noms particuliers, ou bien ceux qu'ils ont reçus ne sont pas usités.

Tracer un pentagone régulier.

Décrivez un cercle quelconque ; tracez AB un des diamètres (P. II, F. 48) ; élevez au milieu une perpendiculaire ; cherchez le milieu E du rayon CD (41) ; rapportez EC sur EB, de E en F, et BF de B en G. La corde BG pourra être portée 10 fois exactement sur la circonférence ; elle la divisera donc en 10 arcs de 36°. Par conséquent, si vous tirez les cordes des arcs doubles ou de 72°, vous aurez 5 droites égales qui formeront un pentagone régulier BHIKL. Les angles sont effectivement égaux comme les côtés, car ils sont tous inscrits, chacun renferme entre ses côtés $\frac{3}{5}$ de circonférence ou 3 fois 72° ou 216°, et son indication est par suite de 108°.

Lorsqu'un polygone régulier est *inscrit* au cercle, comme le pentagone BHIKL, le centre de la circonférence est dit aussi *centre* du polygone. L'angle formé par des rayons CB, CL menés à deux sommets est *l'angle au centre* du même polygone, et l'indication de cet angle égale 360°

divisés par le nombre des côtés. L'arc BL est effectivement la cinquième partie de la circonférence (14).

142. *Tracer un pentagone régulier dont le côté M est donné* (P. II, F. 48).

Faites un pentagone régulier quelconque BHIKL, en suivant le procédé précédent; portez la longueur M sur un côté BL, de B en N; par le point N, menez NO parallèlement au rayon CB, jusqu'au prolongement du rayon CL, et par le point O menez OP parallèlement à BL, jusqu'au prolongement de CB. La droite OP est égale à BN (63) et par suite à M; de plus, elle est placée comme BL, par rapport aux rayons CB, CL. Si donc, avec CO ou CP, vous décrivez une circonférence concentrique à celle dont CB est le rayon, vous pourrez y porter exactement 5 fois la corde OP, et vous formerez par là le pentagone demandé.

Ce procédé est général : il s'applique à tous les polygones réguliers; de sorte que pour tracer un polygone régulier dont le côté est donné, il faut commencer par construire un polygone régulier de même nom et quelconque.

143. *Tracer un hexagone régulier.*

Décrivez un cercle quelconque; prenez une ouverture de compas égale au rayon AB (P. II, F. 49), et portez-la, comme corde, sur la circonférence, à partir d'un point quelconque B. Vous reviendrez au même point, après avoir marqué six arcs égaux, et si vous joignez chaque point de division au point voisin, vous formerez l'hexagone régulier BCDEFG.

Ce tracé suppose que la corde BC d'un arc de 60°, sixième partie de la circonférence, est égale au rayon BA. Or, cette égalité est vraie, car l'angle BAC étant de 60°, les deux autres angles du triangle ABC valent en somme 180°—60=120 (94) et comme le triangle est symétrique, chacun de ces deux angles est de 60° (98); ce qui apprend que le triangle ABC est équilatéral et que par conséquent BC=BA.

144. *Tracer un octogone régulier.*

Décrivez un cercle quelconque; tirez deux diamètres d'équerre AB, CD (P. II, F. 50) et joignez leurs extrémités; vous formerez un carré inscrit ACBD (116). Par le centre E, menez ensuite des parallèles aux côtés de ce carré; vous diviserez chaque quart de la circonférence en deux parties égales ; la courbe se trouvera divisée en 8 arcs égaux, et par conséquent, si vous joignez chaque point de division au point voisin, vous obtiendrez l'octogone régulier AFCGBHDI.

145. *Tracer un décagone régulier.*

Il faut faire ce qui a été prescrit dans le n° 141, pour trouver la corde de 36°, car cette corde est évidemment le côté du décagone régulier inscrit. Quand la corde BG (P. II, F. 48) est trouvée, on la porte 10 fois sur la circonférence, puis on joint chaque point de division au point voisin.

146. *Tracer un dodécagone régulier.*

Décrivez un cercle quelconque ; tirez deux diamètres d'équerre AB, CD (P. II, F. 51); de chaque extrémité de ces diamètres, marquez des arcs de 60°, des deux côtés, avec une ouverture de compas égale au rayon. Comme l'arc AC=90° et que l'arc AE sera de 60°, l'arc EC vaudra 30°; comme l'arc CF sera de 60°, l'arc AF vaudra aussi 30°. La circonférence se trouvera donc partagée en arcs de 30° ou en douze parties égales ; par conséquent, les cordes de ces arcs formeront un dodécagone régulier AF ECGHBIKDLM.

147. *Tracer un pentédécagone régulier.*

Décrivez un cercle arbitrairement ; cherchez la corde de 36 degrés (141) et portez-la sur la circonférence, d'un point quelconque A en un point B (P. II, F. 52); rapportez ensuite le rayon AC de A en D ; l'arc AD sera de 60°. L'arc BD qui vaut AD—AB, aura donc 24°= 60°—36°. Or, 24° est précisément la quinzième partie de 360°. Vous pourrez donc porter la corde BD exactement 15 fois sur la circonférence. Joignant chaque point de division au point voisin, vous aurez enfin le pentédécagone demandé.

148. La Géométrie élémentaire ne fournit point de procédés pour tracer exactement les polygones réguliers de 7, 9, 11, 13, 14 côtés, ni ceux dont le nombre de côtés est multiple d'un quelconque de ces nombres. Quant aux multiples des polygones dont vous venez d'apprendre la construction, la Géométrie n'enseigne à tracer rigoureusement que ceux qui sont indiqués par les nombres 16, 32, 64 et ainsi de suite en doublant toujours, par les nombres 24, 48, 96 et ainsi de suite en doublant toujours, par les nombres 20, 40, 80, etc., et par les

nombres 3o, 6o, 12o, etc. Le procédé est le même pour tous ces polygones : il consiste à faire un octogone régulier inscrit, ou un dodécagone, ou un décagone, ou un pentédécagone, et à diviser en 2, 4, 8, etc., parties égales, les arcs dont les côtés du polygone tracé sont les cordes (6o). De cette façon, l'octogone régulier, par exemple, fournira le polygone régulier de 16 côtés, celui-là produira le polygone de 32 côtés, ce dernier donnera le polygone de 64 côtés, et ainsi des autres.

149. Les tracés des polygones réguliers conduisent à établir en principe, qu'une circonférence qui passe par 3 sommets d'un de ces polygones, passe aussi par tous les autres ; elle est dite alors circonférence *circonscrite* au polygone. Le procédé au moyen duquel on fait passer un cercle par 3 points (6o), peut donc servir à *circonscrire une circonférence à un polygone régulier.*

Si du centre A d'un polygone régulier quelconque (P. II, F. 53), on abaisse une perpendiculaire sur un côté BC, et qu'avec AD pour rayon, on décrive un cercle, du point A, ce cercle aura le côté BC et tous les autres pour tangentes, car toutes les perpendiculaires AD, AE, etc., sont égales, comme les obliques AC, AB, AF, etc. Dans cette position, la circonférence est dite *inscrite* au polygone ou bien le polygone est dit *circonscrit* au cercle.

Comparaison des polygones.

15o. L'égalité de deux polygones quelconques a lieu dans des circonstances analogues à celles où existe l'égalité des quadrilatères. Il faut que les côtés de l'un et les diagonales tirées d'un des sommets, soient de même longueur que les côtés correspondans et les diagonales correspondantes de l'autre ; car alors la première figure se trouve composée de triangles égaux à ceux de la seconde, et comme les triangles égaux sont placés dans le même ordre, les deux polygones peuvent se couvrir exactement.

Vous pourrez donc *faire un polygone qui soit égal à un polygone quelconque et donné,* en suivant ce qui a été prescrit pour copier exactement un quadrilatère (119).

151. Deux polygones réguliers sont égaux, lorsqu'ils portent le même nom et que le côté de l'un est égal au côté de l'autre ; car alors tous les angles (14o) et tous les côtés du premier sont égaux aux angles et aux côtés du second ; d'où il suit que les deux figures peuvent se couvrir exactement.

Faire un polygone régulier qui soit égal à un polygone régulier donné, revient donc à tracer un polygone régulier de même nom dont le côté est connu (142).

152. Vous avez vu par le n° 110 que deux polygones quelconques sont semblables, ou que l'un est la copie réduite de l'autre, quand le petit est composé de triangles semblables à ceux du grand et placés dans le même ordre : les conditions du n° 107 se trouvent effectivement toutes remplies alors. Le même article enseigne aussi comment il faut opérer pour *faire un polygone qui soit semblable à un polygone quelconque et donné*.

Il reste donc à vous apprendre que deux polygones réguliers sont semblables s'ils portent le même nom. Alors en effet les angles de l'un sont égaux aux angles de l'autre (140), et deux côtés correspondans se contiennent comme deux autres côtés correspondans quelconques, puisque dans chaque figure tous les côtés ont même longueur.

Quant à la relation de deux polygones semblables, réguliers ou non, elle a été établie dans le n° 108 et appliquée dans les trois articles suivans.

153. Il vous serait maintenant facile, en réfléchissant à tout ce que vous avez appris sur les polygones semblables, de découvrir vous-mêmes les moyens à employer pour *faire ou lever le plan d'un terrain quelconque*, car ce plan n'est autre chose que la copie réduite du polygone ou des polygones dont le terrain est entouré ou couvert. Nous allons néanmoins appliquer les principes à un des cas les plus compliqués, afin d'avoir l'occasion de vous faire connaître quelques moyens qui facilitent l'opération et la rendent plus exacte. Supposons donc que vous ayez à lever le plan de toute une commune, c'est-à-dire d'un terrain occupé par un village, des champs, des haies, des bois, des chemins et un ruisseau ou une rivière.

Vous ferez d'abord le *croquis*, c'est-à-dire le dessin à vue de tout le terrain (P. II, F. 54), et vous y placerez les objets, aussi exactement que vous le pourrez, dans les positions qu'ils occupent réellement les uns par rapport aux autres. Ce croquis doit être fait sur une page d'un grand cahier, afin qu'on puisse l'exécuter aisément en tenant le papier d'une main. Vous y tracerez d'abord le polygone *abcdefghi* que forment les points remarquables situés aux limites ou près des limites du terrain, puis successivement les quadrilatères et les triangles qui rem-

plissent l'intérieur de ce polygone, en allant toujours des
plus grands aux plus petits. On éprouve d'abord quelque
peine à faire d'une manière un peu nette un semblable
dessin ; mais on y parvient bientôt. D'ailleurs, il n'est pas
indispensable qu'il soit bien dessiné ; on ne s'en sert que
pour inscrire les mesures, ce qu'on appelle *coter*, et pour
écrire les noms des parties du terrain.

Après avoir terminé le croquis, vous commencerez les
mesurages à la chaîne par celui d'un côté *ab* du grand
polygone, ayant soin de prendre les distances du point *a*
aux points où des alignemens importans viennent rencontrer ce côté. Ainsi, vous coterez *ak* pour marquer l'intersection *k* de *ab* et de l'alignement d'une partie droite
de la rivière, puis vous mesurerez et vous coterez *kb*.
Mesurez ensuite *kl*, *lm* distance donnée par un autre
alignement *bm* du bord de la rivière, puis le reste
ma du côté *la*. Vous aurez tout ce qu'il faut pour construire, plus tard, à l'échelle, le triangle *abl*, les deux
triangles qu'il renferme et la partie *bl* du cours de la
rivière. L'arrondissement se fait à vue ; mais vous pouvez
aussi prendre la distance du coude au point où se
coupent *bm* et *kl*.

Mesurez la largeur de la rivière, soit au pont, soit
ailleurs, si elle est à-peu-près la même partout. Dans
le cas contraire, on la mesure à tous les points où elle
varie sensiblement, et il en est de même des chemins
de voiture, si l'échelle permet de tenir compte de leur
largeur. Quant aux sentiers qui se représentent par deux
traits fort rapprochés et quelquefois par un seul, il est inutile
d'en prendre la largeur. Les cotes de largeur s'inscrivent
comme celle que vous voyez à la route, au moyen d'un
trapèze.

Mesurez *li* et *ia* pour avoir les trois côtés du triangle
ali et pouvoir placer le point *i* du bois. L'embranchement
des deux chemins se fait à vue, ainsi que la partie du
chemin qui va de *i* au cadre : pour l'ordinaire, on ne
détermine rigoureusement que les points situés sur le
contour du grand polygone ou dans l'intérieur ; voilà pourquoi il est prescrit de prendre ce polygone de manière à
renfermer tout le terrain dont on veut le plan exact.

Mesurez la largeur du pont et cotez-la comme celle de la
route ; mesurez ensuite *ip* donnée par l'alignement *lp* tangent
à la rivière ; mesurez aussi *pl*, *ph*, *ho*, *hn*, *on* et *oi* ;
vous pourrez faire le renfoncement du bois, quoique *i*

ne soit pas mesurable, et le triangle *ilh*, bien qu'on ne puisse cheminer selon *lh*.

Remarquez qu'en parcourant ainsi le terrain pour me-surer, vous trouvez les moyens de corriger les erreurs du croquis. Si, par exemple, l'alignement *lh* ne passe pas en réalité par la rencontre *q* de la rivière et de la haie *tq*, vous changez convenablement la direction de cette haie.

Mesurez *lr* et *rh*, en prenant les distances *rs*, *st*; pre-nez aussi *tq*. Si la rivière est trop large pour que *th* soit mesuré à la chaîne, vous emploierez le procédé du n° 70.

Mesurez *tu,uh,uv,vx,vy,uy.ty,yz,za',a'y,a't*, et conti-nuez de décomposer toujours ainsi en triangles les diverses figures du terrain, observant de mesurer les pentes hori-zontalement (69) et d'employer pour former tout nouveau triangle, un côté de triangle déjà connu. La figure montre au reste comment doit être faite la décomposition et qu'elles sont les intersections d'alignemens qu'il faut coter.

Les maisons se figurent par masses et les angles saillans ou rentrans de ces masses sont faits droits, à moins qu'ils ne soient très-sensiblement aigus ou obtus. Dans ces der-niers cas, on prolonge leurs côtés pour former un triangle symétrique A, tout-à-fait égal à celui qu'il faudrait faire à l'intérieur, pour lever l'angle du bâtiment par le pro-cédé du n° 98, et quand on met le plan au net, on copie ce triangle à l'envers. Observez toutefois que vous pouvez vous dispenser de ces opérations, en cotant les points où les alignemens des murs vont rencontrer cha-cun les deux haies du jardin.

Les mêmes moyens servent à lever le contour d'un bois ou d'une vigne et en général de toute figure dont on ne peut mesurer les diagonales. Ainsi, la largeur de la route et sa direction BC déterminée par les triangles, feront connaître les points D, E, *d*; le point *c* sera marquée sur l'alignement B*b*, à la distance B*c* de B; le point F de l'alignement GE sera aisément connu; vous pourrez donc tracer les che-mins droits D*c*, EG. De même, les points H, *g* déter-mineront le sentier *gf*; vous aurez le point *f*, par la dis-tance I*f*; vous pourrez donc marquer le point K où la direction *df* est rencontrée par le sentier L*e*, et tracer ce chemin dont vous connaissez déjà le point L. Le point *e* sera fourni par la distance K*e*. Ainsi, vous serez en état de dessiner les contours et les divisions du terrain couvert de vignes, sans avoir mesuré une seule de ses diagonales.

Au reste, le lever réel d'une petite partie des alen-

tours d'un village achevera de vous faire comprendre toute
cette manière d'opérer , et vous trouverez de vous
mêmes , en y pensant un peu , les moyens de vous tirer
des cas extraordinaires qui pourront se présenter. Mais il
convient de copier auparavant la figure 54 , en doublant les côtés des triangles , et procédant de proche en
proche , à partir du côté ab , comme il a été prescrit ci-
dessus. Cet exercice vous fera bien voir le but de toutes
les opérations et vous rendra capables de les appliquer sur
le terrain.

Il en est une dont nous n'avons pas encore parlé ; c'est
celle qu'il faut faire pour *orienter le plan*, c'est-à-dire ,
y marquer les quatre points cardinaux : nord , sud , est ,
ouest. Plantez un jalon en un point M de l'alignement
ab , par exemple ; marquez sur le sol l'extrémité de l'ombre
de ce jalon , vers 10^h du matin , et avec la longueur de
cette ombre , décrivez un arc d'environ 180° dont M soit
le centre. De 10^h à midi l'ombre diminuera et quittera
la circonférence ; mais son extrémité y reviendra après
midi , vers 2^h. Marquez le point ou se trouvera cette extrémité à ce moment , et divisez en deux parties égales
l'arc qui séparera les deux positions extrêmes de l'ombre
(60). La droite de division MN sera dirigée du sud au
nord ; vous pourrez la tracer sur le plan , si vous mesurez
Mb , MN , Nb ; une ligne droite perpendiculaire à celle-là
indiquera l'est à droite et l'ouest à gauche.

Quelques mots maintenant sur les conventions faites
pour représenter , dans le dessin au net , les diverses parties d'un terrain et les objets qui s'y trouvent. Les champs
restent en blanc. Les bois se font comme ceux que vous voyez
en O. De petits ronds dentelés représentent des arbres
isolés : vous en trouvez de tels sur le bord de la rivière ,
vers le point b. Une ligne droite dentelée par de petits
zéros figure une haie. Les masses des maisons sont couvertes
de traits fins qu'on trace à la plume , sans règle , à peu
près parallèlement ; on les appelle *hachures*. Une église
a ses hachures parallèles à ses longs côtés ; tout autre
bâtiment public est couvert de hachures croisées , comme
le montre le rectangle situé à gauche de l'église : il contient , par exemple , le presbytère , la maison commune ,
l'école , et le logis du pâtre. Les murs sont figurés par
de simples traits plus gros que ceux des chemins. Une
rivière un peu large est couverte de lignes courbes qui suivent les contours des bords ; celles du milieu sont plus

écartées que les autres ; une flèche indique la direction
du courant. Cette flèche mise près des bords , suffit pour
distinguer un ruisseau d'un chemin courbe. La figure 55
montre comment se fait une prairie ; la figure 56 montre
une vigne ; la figure 57 montre un étang ; la figure 58
indique un marais ; la figure 59 indique un petit jardin ,
ou un carreau de grand jardin ; car lorsque les jardins
sont grands , on doit en tracer les allées.

154. On a besoin , dans certains cas , de connaître les
hauteurs relatives de différens points d'un terrain dont
on lève le plan. Il peut être utile , par exemple , de savoir de combien le point h de la rivière (P. II , F. 54)
s'élève au-dessus du point b , ou quelle est la pente totale de h en b. C'est au moyen d'un niveau d'eau que
vous la trouverez (42). Placez cet instrument en un
point quelconque d'où vous puissiez voir b et h ; plantez
verticalement un jalon en b et mesurez la distance de b
au point b' où le jalon est rencontré par l'horizontale du
niveau A (F. 60) ; vous aurez l'élévation bb' de l'horizontale au-dessus de b. Faites la même opération pour
le point h ; vous aurez l'élévation hh' de la même horizontale au-dessus de ce point , si le pied de l'instrument n'a pas varié. Retranchant donc la plus petite hauteur hh' de la grande bb' , vous connaîtrez par la différence bb'' ou hh'' , de combien de mètres le point h est
élevé au-dessus de b. Ce nombre de mètres est ce qu'on
appelle la *cote verticale* du point h ; celle de b est zéro.

Si vous opérez de la même manière entre h et g (F. 54),
entre g et f , entre f et d , etc. , vous trouverez les
hauteurs relatives de tous ces points. Puis , pour avoir par
rapport à b , la cote verticale bb' de g (F. 61) , point
plus élevé que h , vous ajouterez à la cote bb'' de h , la
quantité hh' dont g est au-dessus de ce point ; pour avoir la
cote verticale bb''' de f , point moins élevé que g , vous
retrancherez de la cote bb' de g , la quantité ff' dont f
est au-dessous de ce point ; etc.

Une cote verticale quelconque indique donc de combien son point est élevé au-dessus du point b le plus
bas de tous les points du plan , et il suffit évidemment
de retrancher une cote verticale d'une autre , pour savoir
de combien le point de la première cote est moins élevé
que celui de la deuxième.

Chercher ainsi les cotes verticales de plusieurs points ,

par rapport à un autre, choisi pour point de comparaison, c'est *faire un nivellement*.

Les cotes verticales s'inscrivent sur le croquis, à côté des points auxquels elles appartiennent, et entre parenthèses; sur le plan au net, on les écrit de la même manière, à l'encre rouge.

Il serait possible qu'on rencontrât un point d qui fût au-dessous du précédent f (F. 54) d'une quantité plus grande que la cote de ce dernier; qu'il y eût, par exemple, 6^m de différence entre f et d, tandis que la cote de f serait 4^m. Dans ce cas, on retrancherait la cote 4^m de la différence d'élévation 6^m; le résultat 2^m serait la quantité dont d se trouverait au-dessous de b ou dont b se trouverait au-dessus de d. Ce serait d qui deviendrait le point de comparaison : 2^m serait la cote de b, et toutes les cotes verticales déjà trouvées devraient être augmentées de 2^m.

Il est possible aussi qu'entre deux points d, c, on ne puisse pas placer le niveau dans une *station* d'où d et c soient visibles. Il faut alors comparer d à un point quelconque G ou E, puis comparer G ou E à c. Un point qu'on prend ainsi pour intermédiaire, sans avoir besoin de sa cote, est dit *point de repère*.

Il est possible enfin que de deux points comparés, l'un A (F. 62) soit au-dessous de l'horizontale et l'autre B au-dessus. On doit alors, au lieu de retrancher, ajouter les distances AA', BB' des points à l'horizontale A'B', pour avoir la différence d'élévation BB''. Si les deux points se trouvaient à la fois au-dessus de l'horizontale, il faudrait retrancher, comme dans le cas où ils sont tous deux au-dessous.

Mesurage des polygones et de la superficie du cercle.

155. Nous pourrions à la rigueur renvoyer pour le mesurage des polygones, à celui des triangles, puisqu'un polygone quelconque peut toujours se décomposer en triangles. Il est clair qu'en mesurant ces triangles et faisant la somme de toutes leurs superficies, on aurait celle du polygone. Mais il est des cas où un mesurage plus expéditif peut être employé, et il en est d'autres où la décomposition est impossible.

Mesurer un polygone régulier quelconque.

Cherchez le centre, par des perpendiculaires aux milieux de deux côtés (60); mesurez une de ces perpendiculaires, du centre A en E (P. II, F. 53); mesurez aussi un côté BF ; calculez la superficie du triangle BAF dont vous connaissez la base et la hauteur (137), et multipliez cette superficie par le nombre des côtés du polygone régulier ; vous aurez pour produit celle de tout ce polygone, puisqu'il renferme autant de triangles égaux à BAF qu'il a de côtés (104).

S'il s'agit d'un hexagone régulier et que $AE = 0^m,34$, $BF = 0^m,25$, vous trouverez $BAF = \frac{0^m,34 \times 0^m,25}{2} = \frac{0^{mm},085}{2} = 0^{mm},0425$, et la superficie du polygone sera $0^{mm},0425 \times 6 = 0^{mm},2550$.

156. Le cercle peut être considéré comme un polygone régulier d'un très-grand nombre de côtés ; car plus un polygone régulier a de côtés, et moins il diffère du cercle dans lequel il est inscrit ; de sorte que le nombre des côtés devenant très-grand, il est impossible à l'œil de distinguer le cercle du polygone. Le mesurage des polygones réguliers peut donc être appliqué au cercle. Or, au lieu de calculer la superficie de l'hexagone, comme vous l'avez calculée tout-à-l'heure, vous auriez bien pu multiplier le côté BF par 6, ce qui vous aurait donné la somme des côtés ou le contour du polygone, puis multiplier le produit par la longueur de AE et diviser le résultat par 2 ; ce calcul vous eût fait trouver comme l'autre, $0^{mm},2550$ pour superficie. On peut donc dire que la superficie d'un polygone régulier égale la moitié du produit de son contour multiplié par la perpendiculaire AE abaissée du centre sur un côté. Mais, lorsque le polygone se confond avec le cercle dans lequel il est inscrit ou auquel il est circonscrit, le contour est la circonférence, et la perpendiculaire AE est le rayon du cercle. Par conséquent, la superficie d'un cercle égale la moitié du produit de la circonférence multipliée par le rayon.

Si le rayon est de 5^m, le diamètre sera $5^m \times 2$, la circonférence vaudra (18) $5^m \times 2 \times 3,1416$, et la superficie égalera $\frac{5^m \times 2 \times 3,1416 \times 5^m}{2}$. Mais, remarquez que le chiffre 2 multipliant et divisant, peut être supprimé, et qu'alors on a pour la superficie du cercle $5^m \times 3,1416 \times 5^m$. Remarquez encore que multiplier le rayon 5^m par $3,1416$ et le produit par 5^m, revient à faire le quarré de ce rayon 5^m et à le multiplier par $3,1416$. Nous pouvons donc dire enfin que *la superficie d'un cercle est égale au quarré du rayon multiplié par le nombre* $3,1416$.

Ainsi, un cercle qui aurait 3^m de rayon, contiendrait

$9^{mm} \times 3,1416 = 28^{mm},2744$. Ce résultat n'est pas exact; il se trouve un peu trop grand; mais le produit 9^{mm}, $3,1415 = 28^{mm},2735$ serait trop petit; de sorte que la véritable superficie d'un cercle de 3^m de rayon, est comprise entre $28^{mm},2744$ et $28^{mm},2735$. Au reste, elle diffère beaucoup moins du premier de ces nombres que du second, et en la supposant égale à $28^{mm},2744$, on ne fait pas une erreur d'un centimètre carré.

Il n'est pas rare de rencontrer des hommes qui cherchent les moyens d'obtenir exactement la superficie d'un cercle; chaque année même, plusieurs prétendent avoir trouvé ces moyens. Mais, malgré leurs efforts et ce qu'ils appellent leurs succès, le problème est encore à résoudre. N'essayez pas d'être plus heureux; vous perdriez votre temps et vos peines; car en supposant qu'on puisse trouver la *quadrature* du cercle ou la mesure exacte de la superficie, ce qui est bien loin d'être certain, la découverte serait fort peu utile, puisque nous possédons le moyen d'approcher de la vraie valeur de cette superficie autant que nous pouvons le désirer. Vous avez déjà vu qu'en multipliant le quarré 9 du rayon par 3,1416 vous ne faites pas erreur d'un centimètre carré; hé bien! si vous preniez pour multiplicateur le nombre 3,141593, vous n'auriez pas 4 millimètres carrés de trop, et si vous multipliiez le quarré du rayon par 3,141592653 59 vous ne vous tromperiez pas de 3 centbillionièmes de mètre carré. Le résultat n'équivaudrait-il pas à la vérité? Pouvons-nous mesurer un rectangle plus exactement, aussi exactement même? non, sans doute: l'imperfection de nos instrumens et de nos sens s'y oppose et s'y opposera toujours. Laissons donc la quadrature du cercle parmi ces puérilités dont ne doit jamais s'occuper l'homme qui connaît le prix du temps.

157. *Mesurer un secteur de cercle*, c'est-à-dire une partie comprise entre un arc BC et deux rayons AB, AC (P. II, F. 53).

Calculez la superficie du cercle entier et divisez le résultat par le nombre de fois que l'arc BC est contenu dans la circonférence (19). Si l'arc est donné en degrés, vous trouverez ce nombre de fois, en divisant $360°$ par le nombre des degrés de l'arc.

Dans le cas où l'on connaîtrait la longueur de l'arc BC, il suffirait de multiplier cette longueur par celle du rayon et de prendre la moitié du produit.

158. *Mesurer un segment de cercle*, c'est-à-dire une partie comprise entre un arc BC et sa corde (P. II, F. 53).

Mesurez le secteur BAC, et retranchez de sa superficie, celle du triangle BAC. Le reste sera évidemment la superficie du segment.

159. *Arpenter un terrain quelconque dans lequel on peut opérer.*

Faites à vue un croquis ABCDEFGHIKLM (P. II, F. 63) qui représente grossièrement le polygone formé par le terrain, et si vous êtes dépurvu d'équerre d'arpenteur, tracez sur ce croquis les diagonales MB, BL, LC, CK, KD, DI, IE, EH; tracez aussi, tant sur le terrain que sur le papier, les alignemens EN, NO, OP, PF, de manière que chacun coupant la limite sinueuse EF, augmente d'un côté la superficie, à-peu-près autant qu'il la diminue de l'autre; tracez enfin sur le croquis les diagonales HN, NG, GO, OF. Cela fait, vous mesurerez les trois côtés de chaque triangle en décimètres, par exemple; vous inscrirez les longueurs sur les droites correspondantes du croquis; vous calculerez les superficies de tous ces triangles, par le moyen du n° 138; vous ferez la somme des résultats, et vous modifierez cette somme conformément à ce qu'enseigne le n° 127, pour qu'elle exprime des hectares.

Si vous avez une équerre d'arpenteur, prenez pour *base d'opération*, la plus grande diagonale AF du polygone (F. 64); figurez sur le croquis, cette diagonale et des perpendiculaires abaissées de tous les sommets sur AF. Plantez un jalon au point B du terrain et cherchez le pied *b* de la perpendiculaire B*b* (40); mesurez la hauteur A*b* et la base B*b* du triangle rectangle A*b*B; inscrivez ces distances le long des droites correspondantes du croquis, en observant de placer la cote de A*b* au-dessus de cette ligne.

Maintenant, il faut remplacer l'équerre par un jalon mis en *b*, porter en C le jalon B, chercher le pied *c* de la perpendiculaire C*c*, mesurer *bc*, *c*C, et inscrire ces longueurs sur le croquis, observant de placer au-dessus de *bc*, la cote de cette hauteur du trapèze B*bc*C.

Le jalon *b* doit alors être mis en *c* et le jalon C en D, afin que vous puissiez marquer le pied de la perpendiculaire D*d* et mesurer *cd*, *d*D. Vous inscrirez ces longueurs comme les précédentes, et vous agirez de même au point *e*.

Ensuite, vous mesurerez *e*F, et vous diviserez son

nombre de décimètres en parties égales , assez petites pour
que quelques unes des parties correspondantes de la si-
nuosité EF , puissent être regardées , sans grande erreur,
comme des lignes droites. Supposons que vous partagiez
eF en 5 parties de 5,25 centimètres chacune. Vous porterez une de ces parties de e en n, sur le terrain , et vous
mesurerez la longueur de la perpendiculaire nN, que vous
éleverez sur AF. Vous porterez la longueur en, de n en
o , et vous marquerez sur la perpendiculaire oO , un
point O tel que l'alignement ON augmente d'un côté la
superficie, à-peu-près autant qu'il la diminue de l'autre;
puis vous mesurerez oO. Vous porterez no de o en p;
vous marquerez par un jalon, sur la perpendiculaire pP,
un point P, comme vous avez marqué le point O , et
vous mesurerez pP. Enfin , vous porterez op de p en q;
vous marquerez Q comme P et O, puis vous mesurerez
qQ' et qQ.

Retournant maintenant de F vers A , vous devrez opérer
pour la partie FGHIKLMA du polygone , comme vous
avez opéré pour la partie située au-dessus de la base AF.
Ainsi , vous mesurerez Fg et la perpendiculaire gG , puis
successivement gh , hH , hi , iI , ik , kK , kR, RS, lL ,
SA et mM. Vous connaîtrez alors toutes les longueurs
qui doivent servir au mesurage du polygone ou des triangles et des trapèzes dont il se compose. Ayant calculé
les superficies de toutes ces figures, vous devrez en faire
la somme, toutefois sans y comprendre la superficie du
triangle RLS, qui ne fait point partie de celle du terrain
à arpenter; ce triangle doit être au contraire retranché
de la somme des autres figures, attendu qu'on l'a compris
dans le trapèze BbcC.

Il n'est pas nécessaire de faire plusieurs multiplications
pour calculer la superficie de la partie eEQq; une seule
suffit. Remarquez en effet que cette partie du terrain
égale eENn+nNOo+oOPp+pPQq, que chacun de ces
trapèzes vaut la demi-somme de ses bases multipliée par
la hauteur en commune à tous (139), et qu'au lieu de
calculer chaque trapèze séparément , on peut fort bien
additionner les demi-sommes de bases et multiplier le total par la hauteur commune en. Or, ce total se com-
posera évidemment de $(\frac{1}{2}e$E$+\frac{1}{2}n$N$)+(\frac{1}{2}n$N$+\frac{1}{2}o$O$)+(\frac{1}{2}o$O
$+\frac{1}{2}p$P$)+(\frac{1}{2}p$P$+\frac{1}{2}q$Q$)$, ce qui revient à $\frac{1}{2}e$E$+n$N$+o$O
$+p$P$+\frac{1}{2}q$Q. Par conséquent, vous obtiendrez la super-
ficie de la figure eEQq en additionnant les longueurs

$_2eE$, nN, oO, pP, $\frac{1}{2}qQ$ et multipliant leur somme par en une des parties égales de eF.

160. *Arpenter un terrain quelconque dans lequel on ne peut opérer*, un bois, une vigne, un étang. par exemple.

Pour faire ce mesurage sans équerre d'arpenteur, il faut prolonger trois côtés du polygone, de manière à former un triangle ABC (P. III, F. 1). Ce triangle doit n'avoir aucun de ses sommets sur ceux de la figure donnée, afin que ses côtés étant moins longs, soient plus faciles à mesurer. Appliquant le calcul du n° 138, on détermine la superficie de ABC, et celles des petits triangles ADE, BFG, CHI; puis, après avoir fait la somme de ces trois dernières, on la retranche de ABC. Le reste est évidemment la superficie du terrain DEFGHI.

Avez-vous une équerre d'arpenteur? marquez par des jalons les pieds A, B (F. 2) des perpendiculaires à un côté DI, qui passent par deux sommets E, H; marquez aussi le pied C de la perpendiculaire abaissée de G sur l'alignement BH (40); plantez enfin un 4ᵉ jalon à la rencontre K des alignemens AE, CG. Vous aurez alors un rectangle ABCK qui renfermera le polygone donné et dont vous calculerez aisément la superficie (127). La moitié du produit AD$\times$AE vous donnera celle du triangle DAE; la moitié du produit BI$\times$BH sera celle de IBH; la moitié du produit CH$\times$CG sera celle de HCG. Abaissant la perpendiculaire FL, vous formerez un 4ᵉ triangle extérieur FLG et un trapèze EKLF que vous mesurerez aisément aussi; faisant enfin la somme des 4 triangles extérieurs et du trapèze, puis retranchant cette somme de la superficie du rectangle, vous obtiendrez évidemment pour reste celle du terrain DEFGHI.

161. *Arpenter un terrain en pente.*

La vraie superficie d'un terrain en pente ou d'un polygone situé sur un plan incliné, s'obtient comme celle d'une figure dont le plan est horizontal. Mais, sous le rapport des produits agricoles, on doit ne chercher que la superficie du polygone horizontal qui se trouverait compris entre les mêmes plans verticaux que le polygone incliné; car, si d'un côté les plantes basses peuvent s'étaler plus amplement sur ce dernier, d'un autre les plantes à tiges ou à racines pivotantes n'y viennent pas en plus grand nombre, et le sol y est toujours moins fertile que dans un champ de niveau, attendu que les grandes pluies le dépouillent peu-à-peu de la bonne terre.

14

Pour obtenir la superficie horizontale d'un terrain en pente, il suffit de mesurer horizontalement les droites dont la longueur est nécessaire au calcul des triangles et des trapèzes dont se compose le polygone donné. On agit à cet effet conformément au n° 69, en suivant la marche prescrite dans les deux derniers articles.

Remarquez que si vous calculez la superficie d'un terrain au moyen de la figure qu'il a sur un plan, c'est toujours la superficie horizontale que vous trouvez, puisque les cotes des longueurs, inscrites au croquis, expriment des distances horizontales. Lorsqu'on se sert ainsi d'un plan dont l'échelle est, par exemple, de 1 millimètre pour mètre, le calcul donne les superficies en millimètres carrés, mais il faut regarder le résultat comme exprimant des mètres carrés (111).

162. *Partager un terrain en plusieurs portions équivalentes.*

Soit, par exemple, le polygone quelconque ABCDE à partager en 4 quadrilatères équivalens (P. III, F. 3). Vous mesurerez d'abord ce polygone. Supposons que vous trouviez $667^{mm},87$. Chaque quadrilatère devra contenir le quart de ce nombre de mètres carrés, ou $166^{mm},97$. Divisez cette superficie par la longueur $22^{m},50$ de AF perpendiculaire sur CB; le quotient $7^{m},42$ sera la base d'un triangle égal à la moitié de $166^{mm},97$, car cette base multipliée par AF donnerait $166^{mm},97$ dont il faudrait prendre la moitié pour avoir la superficie du triangle (137). Portez donc $7^{m},42$ de B en G; le triangle BAG sera la moitié d'un des quadrilatères cherchés. Pour trouver l'autre moitié vous diviserez $166^{mm},97$ par 25^{m} longueur de GH perpendiculaire sur AE, vous porterez le quotient $6^{m},68$ de A en I, et vous tirerez GI: le triangle AGI dont la superficie sera la moitié de $25^{m} \times 6^{m},68$, vaudra la moitié de $166^{mm},97$, et par conséquent le quadrilatère ABGI sera le premier quart du polygone.

Si maintenant vous portez AI de I en K, le triangle IGK qui aura aussi GH pour hauteur, vaudra AGI ou la moitié de $166^{mm},97$. Pour déterminer un autre triangle équivalent ou pour achever le deuxième quart du polygone, vous diviserez $166^{mm},97$ par $26^{m},75$ longueur de KL perpendiculaire sur BC; vous porterez de G en M, le quotient $6^{m},25$ et vous joindrez les points K, M. Le quadrilatère IGMK sera la seconde des portions demandées.

Vous pourriez former la troisième de la même manière;

mais il serait à craindre qu'elle eût 5 côtés et que la dernière fût triangulaire. Pour être certain d'obtenir encore deux quadrilatères, vous calculerez le triangle KDE, au moyen de sa base KE$=6^m$ et de sa hauteur DN$=12^m$. Retranchant de 166^{mm},97 la superficie 36^{mm} de KDE, vous trouverez 130^{mm},97 pour celle du triangle qui ajouté à KDE formera le troisième quadrilatère. Si donc vous divisez 130^{mm},97 par 7^m moitié de la perpendiculaire DO, le quotient 18^m,71 sera la base KP du nouveau triangle KDP; le quadrilatère KEDP formera le 3e quart du polygone, et le quadrilatère restant DCMP en sera la 4e portion.

Il pourrait arriver que le triangle KDE eût une superficie plus grande que le quart du polygone donné. Alors et s'il vous était indifférent d'avoir, pour une des parts, un triangle ou un quadrilatère, vous retrancheriez 166^{mm},97 de la superficie de KDE; le reste serait celle d'un triangle à ôter de KDE. Pour en connaître la base, vous diviseriez ce reste par la moitié de DN; puis vous porteriez le quotient de K en R, par exemple. Le triangle RDE serait la 3e portion et le pentagone KRDCM serait la 4e. Mais s'il fallait absolument qu'aucune des parts ne fût triangulaire, vous feriez sur tout autre triangle KEM ou KRM ou KCM, etc., ce qui a été fait sur KDE.

Comme c'est toujours en quadrilatères équivalens, que la facilité de la culture veut qu'on divise les terrains, l'exemple qui vient de vous être présenté suffit pour vous mettre en état d'opérer un partage quelconque. Il serait possible qu'une des parts dût être double d'une autre, une 3e triple de la première, etc. Dans ce cas, vous représenteriez la plus petite par 1; la suivante, en grandeur, serait représentée par 2, la 3e par 6, etc., et la somme 9 des nombres 1, 2, 6, indiquerait que le terrain devrait être partagé en 9 parties équivalentes. Après avoir opéré cette division, vous joindriez la 2e partie et la 3e, pour former la 2e portion; les 6 parties restantes formeraient la 3e des parts demandées.

Il serait possible aussi qu'une des limites du polygone fût sinueuse. Vous la décomposeriez en petites parties qui pussent être regardées sans grande erreur comme des lignes droites, et vous agiriez sur le nouveau polygone comme dans l'exemple précédent, formant toujours des triangles dont l'ensemble produisît une des portions. Bien entendu que, dans ce cas, deux ou trois des petites parties de la limite sinueuse compteraient pour un seul côté de quadrilatère; de sorte que les parts de terrain seraient censées avoir cette figure, quoiqu'elles fussent réellement des pentagones ou des hexagones.

163. Comme la forme du trapèze est peut-être le plus ordinairement celle des champs, il convient de vous enseigner les procédés particuliers qu'on peut suivre pour partager de semblables terrains.

Partager un trapèze ABCD en un nombre quelconque de trapèzes équivalens, par des droites qui coupent les bases (P. III, F. 4).

Supposons qu'on veuille 3 portions de même superficie. Vous diviserez chaque base en 3 parties égales, et vous joindrez les points de division correspondans. Les trapèzes AEFD, EFHG, GHCB renfermeront effectivement la même superficie, puisqu'ils auront même hauteur et que les bases de chacun seront égales aux bases correspondantes de tout autre (139).

Partager un trapèze ABCD en un nombre quelconque de trapèzes équivalens, par des droites parallèles aux bases (P. III, F. 5).

Voulez-vous d'abord partager le trapèze ABCD en deux portions de même superficie ? vous raisonnerez comme il suit : Si EF parallèle aux bases était la ligne de division, ABEF serait la moitié de la différence des deux triangles GCD, GBA, et le triangle GEF vaudrait le petit triangle GBA, plus la moitié de la différence des deux triangles GCD, GBA. Or, la somme d'un nombre tel que 7 et de la demi-différence de ce nombre à un autre tel que 11, c'est la même chose que la demi-somme de ces deux nombres, car $7+\frac{11-7}{2}=$

$7+\frac{4}{2}=\frac{14+4}{2}=9$ et $\frac{7+11}{2}=9$ aussi. Le triangle GEF vaudrait donc la demi-somme des triangles GCD, GBA; et comme ce sont des triangles, semblables, le quarré du côté GE serait la demi-somme des quarrés des côtés correspondans GC, GB (108).

Par conséquent, pour opérer le partage, prolongez les côtés DA, CB jusqu'à ce qu'ils se coupent en G; mesurez GB, GC ou GA, GD; faites la somme des quarrés numériques de ces deux longueurs; puis extrayez la racine de la moitié de cette somme. Le résultat sera la distance de G au point E par lequel il faudra mener une parallèle EF aux bases, pour que le trapèze ABEF ait la même superficie que le trapèze EFDC.

S'agit-il de partager le trapèze ABCD en trois portions équivalentes ? on double le quarré numérique de GB, on ajoute le produit au quarré de GC, et l'on extrait la racine du tiers de la somme, pour avoir la distance de G au point H par lequel doit être menée la première parallèle aux bases. On trouve ensuite le point I de la deuxième, par l'opération précédente faite sur le trapèze HCDK.

S'il fallait former 4 portions équivalentes dans le trapèze ABCD, vous tripleriez le quarré numérique de GB, vous l'ajouteriez au quarré de GC, et vous extrairiez la racine du quart de la somme, pour connaître le point de la première parallèle. Les points des deux autres s'obtiendraient comme dans le cas précédent.

Vous voyez donc que le nombre par lequel il faut multiplier le quarré de GB, est le nombre des portions moins 1; et que c'est par ce nombre même de portions qu'on doit diviser la somme du produit et du quarré de GC, avant de faire l'extraction.

DESSIN DES CORPS.

164. Nous voici arrivés à l'étude des *faces courbes*. La première chose à faire, c'est d'apprendre à les représenter exactement sur le papier ou, ce qui revient au même, à dessiner les corps de manière qu'au moyen d'une échelle, on puisse en trouver les véritables dimensions.

Pour que le dessin d'un corps en donne exactement les dimensions, il doit se composer de deux parties : *le plan* et *l'élévation*. Le plan d'un corps est l'ensemble de tous les points que marqueraient sur un plan horizontal, des fils-à-plomb librement suspendus aux divers points de ce corps placé dans une position fixe : ces points sont unis sur le plan par des droites ou des courbes, selon qu'ils le sont dans le corps par des droites ou des courbes.

Placez votre équerre de façon que ses faces triangulaires soient horizontales, et attachez des fils-à-plomb aux trois sommets. Ces fils marqueront trois points sur un plan horizontal situé au-dessous de l'équerre, à une distance quelconque. Unissez ces points par trois droites ; vous aurez un triangle parfaitement égal aux faces triangulaires de l'équerre. En effet, les fils-à-plomb sont parallèles et les droites horizontales qu'ils comprennent entre eux sont égales, puisqu'elles sont aussi parallèles. Par conséquent, les côtés du triangle fait sur le plan horizontal, sont égaux aux côtés correspondans des faces triangulaires de l'équerre, et il s'ensuit que le triangle égale chaque face (104). Ce triangle est le plan de l'équerre; il en fait connaître toutes les dimensions, l'épaisseur exceptée.

Il est clair, d'après cela, qu'une pièce de bois coupée d'équerre, dont les deux bouts seraient des carrés et qui se trouverait placée verticalement, aurait un carré pour son plan : les côtés de ce carré donneraient la largeur et l'épaisseur de la pièce; la longueur serait la seule dimension que vous ne pourriez prendre sur le plan.

Si une des longues faces de la même pièce était horizontale, le plan serait un rectangle précisément égal à cette face et à la face opposée; il ferait connaître la longueur et la largeur de la pièce, mais il ne donnerait pas l'épaisseur.

Il suffit de remarquer que les fils-à-plomb sont perpendiculaires au plan horizontal, pour voir que le plan d'un corps est déterminé par des perpendiculaires abaissées des divers points de ce corps sur un plan horizontal placé au-dessous, à une distance quelconque. Comme ces perpendiculaires peuvent être prolongées au-dessus du corps, il est clair qu'un plan se détermine toujours de la même manière, soit que le plan horizontal qui doit le recevoir, se trouve au-dessous du corps, soit qu'il se trouve au-dessus.

Observez que les perpendiculaires qui vont des points d'un corps aux points correspondans de son plan, donnent les distances des points de ce corps au plan horizontal sur lequel il est dessiné.

En géométrie, le plan d'un corps en est la *projection horizontale*; les perpendiculaires qui le déterminent sont appelées *lignes projetantes*; mais on peut, sans inconvénient, se dispenser d'employer ces noms.

165. *L'élévation* d'un corps n'est autre chose que son plan fait sur un plan vertical. Il faut donc, pour la déterminer, abaisser des divers points du corps, des perpendiculaires sur un plan vertical et joindre les pieds de ces perpendiculaires par des droites ou des courbes, selon que les points correspondans sont joints par des droites ou des courbes.

Notez bien que la position du corps pendant qu'on fait son élévation, doit être absolument la même que celle qu'il avait pendant la construction du plan : le plan et l'élévation sont deux dessins inséparables qui se rapportent à une seule position du corps.

Lors donc qu'une équerre est horizontale et que son plan est un triangle égal à celui de ses grandes faces, son élévation est un rectangle dont les grands côtés sont horizontaux et dont les petits côtés sont des verticales égales à l'épaisseur.

La pièce de bois verticale que nous avons vue avoir un carré pour plan, a pour élévation un rectangle dont les grands côtés sont verticaux et d'une longueur égale à celle de cette pièce.

Quand la même pièce, placée horizontalement, a pour plan un rectangle, son élévation est un carré, si les longues arêtes sont perpendiculaires au plan vertical, et les côtés de ce carré donnent l'épaisseur.

Vous voyez donc que l'élévation peut faire connaître la dimension que ne fournit point le plan.

L'élévation d'un corps est aussi appelée *projection verticale*; les perpendiculaires qu'on abaisse sur le plan vertical pour la déterminer, sont dites *lignes projetantes*, comme les verticales qui déterminent le plan. Il est visible au reste que ces perpendiculaires sont des horizontales et que leurs longueurs égalent les distances des points du corps au plan vertical sur lequel l'élévation est dessinée.

Le plan horizontal qui contient le plan d'un objet et le plan vertical qui en renferme l'élévation sont souvent appelés *plans de projections*.

166. Afin de pouvoir faire sur une même feuille de papier, le plan et l'élévation d'un corps, on y trace parallèlement au bord inférieur ou supérieur, une droite un peu forte, comme les lignes de résultat. Cette droite, nommée *ligne de terre*, est censée l'intersection d'un plan horizontal et d'un plan vertical : on suppose que la partie du papier située au-dessous est le plan horizontal du terrain et que la partie située au-dessus est un plan vertical, celui d'un mur par exemple. Il faut s'habituer à considérer la feuille comme si elle était pliée selon la ligne de terre, de manière que la partie inférieure fût horizontale et la partie supérieure, verticale.

167. *Construire le plan et l'élévation d'une équerre dont les grandes faces sont horizontales et dont l'un des petits côtés est parallèle au plan vertical.* On suppose que ce petit côté est éloigné de 0^m,1 du plan vertical, que la face inférieure de l'équerre se trouve à 0^m,2 du plan horizontal, que l'épaisseur est de 0^m,02, que le côté

parallèle au plan vertical a o^m,4, que l'autre petit côté a o^m,3 et que l'échelle est au dixième.

Elevez en un point quelconque A de la ligne de terre YZ (P. III, F. 6), une perpendiculaire AB; portez o^m,04 de A en C, et par le point C, menez une parallèle à AB; prenez AD et CE de o^m,01, puis tirez DE; prenez DF de o^m,03, puis tirez FE. Le triangle EDF sera le plan de l'équerre, car le côté DE de ce plan doit être parallèle à la ligne de terre, comme le côté correspondant de l'équerre, et autant éloigné de cette droite que le côté l'est du plan vertical.

Maintenant, portez o^m,02 de A en G et de C en H, puis o^m,002 de G en I et de H en K. Les droites GH, IK achèveront le rectangle qui doit former l'élévation de l'équerre, car il faut évidemment que le côté GH de ce rectangle soit éloigné de la ligne de terre, autant que la face inférieure du corps est éloignée du plan horizontal.

Vous voyez par là que sur le dessin complet d'un corps, les distances au plan vertical sont données par les perpendiculaires à la ligne de terre tracées dans le plan horizontal, comme AF, CE, et que les distances au plan horizontal doivent être mesurées sur les perpendiculaires à la ligne de terre tracées dans le plan vertical, comme AI, CK.

Ainsi, non seulement le dessin complet d'un corps fournit toutes les dimensions dont on peut avoir besoin pour construire ce corps, mais encore il donne les moyens de le placer comme il était placé ou comme il doit l'être. Effectivement, il suffirait de faire sur le terrain ou sur un plancher, un triangle égal à EDF, d'après l'échelle, et de planter verticalement aux sommets de ce triangle, trois tiges égales à AG, pour poser l'équerre horizontalement et à une distance de o^m,2 du plan horizontal.

168. C'est parfois uniquement pour donner les vraies dimensions d'un corps et indiquer les positions exactes de ses parties, les unes par rapport aux autres, qu'on fait un plan et une élévation. Dans ce cas, on ne tient aucun compte des distances de ces parties au plan vertical ou au plan horizontal : ces deux plans n'existant pas, et ne devant servir qu'à l'intelligence du dessin, sont placés arbitrairement par rapport au corps. Quelquefois même on y substitue deux faces de ce corps, s'il en a deux qui soient perpendiculaires entre elles, afin de simplifier le tracé. La figure 7 (P. III), par exemple, présente

aussi bien que la figure 6, les dimensions et la forme de l'objet dont elle contient le plan et l'élévation, quoique ce soit la grande face inférieure de l'équerre qui serve de plan horizontal, et une des petites faces qui serve de plan vertical.

Construire le plan et l'élévation d'une pièce de bois carrée, longue de 6^m, *large de* 0^m,5, *épaisse de* 0^m,2.

Puisqu'on peut prendre arbitrairement les plans de projections, nous supposerons que le plan horizontal est parallèle aux larges faces et que le plan vertical est parallèle aux faces étroites. Il en résultera que les longues arêtes seront parallèles à la ligne de terre YZ (P. III, F. 8). Faites donc un rectangle ABCD, dont les grands côtés aient 6^m ou 6 parties de l'échelle, et soient parallèles à YZ; donnez 0^m,5 aux petits côtés AD, BC et prolongez-les sur le plan vertical; tracez EF parallèlement à YZ; prenez EG et FH de 0^m,2, puis tirez GH. Le rectangle ABCD sera le plan de la pièce de bois, et le rectangle EFHG en sera l'élévation.

SURFACES COURBES.

169. Les faces courbes des corps, qui ne sont interrompues par aucune face plane, sont plus ordinairement appelées *surfaces courbes*, probablement parce que chacune peut être considérée comme l'ensemble d'une multitude de petites faces planes extrêmement étroites dont le corps serait complètement enveloppé (79).

Il y a des surfaces courbes *réglées*, et d'autres qui ne le sont pas. Les positions qu'une règle peut prendre sur les premières en s'y appliquant dans toute sa longueur, sont parallèles, ou bien elles concourent toutes en un point, ou bien elles se croisent sans se rencontrer. Un tuyau de poêle, une voûte de cave, le pourtour d'une meule, un crayon de mine de plomb, présentent chacun une surface courbe réglée selon des parallèles. Un pain de sucre, le toit rond et pointu d'une tour, une colonne, un canon de fusil, un éteignoir, un seau évasé, un entonnoir en fer-blanc, ont chacun une surface courbe réglée selon des concourantes. Les ailes d'un moulin à vent, une planche gauchie, les oreilles ou versoirs d'une charrue, le dessous plafonné d'un escalier, montrent des surfaces courbes réglées suivant des droites qui se croisent sans se rencontrer. Ces dernières surfaces sont dites *gauches*; la Géométrie élémentaire ne s'en occupe point.

Surfaces cylindriques.

170. Toute surface courbe qui est réglée selon des parallèles est une *surface cylindrique*, et le corps qu'elle enveloppe porte le nom de *cylindre*, quand ses autres limites sont deux faces planes.

Si les faces planes qui forment les deux bouts d'un cylindre sont parallèles, le cylindre est *complet* et ces faces en sont les *bases*. Si elles ne sont pas parallèles, le cylindre est *tronqué;* une des faces planes est prise pour base et l'autre est la *troncature*.

Un cylindre qui a un cercle pour base est dit *circulaire;* il est dit *oblong*, s'il a pour base une *ovale* ou toute autre courbe qui soit fermée, comme celle-là, mais non circulaire.

Lorsque les droites de la surface cylindrique sont d'équerre sur la base, le cylindre est *droit;* il est *oblique* dans le cas contraire.

Enfin, un corps cylindrique dont l'intérieur est évidé en cylindre, forme un *manchon cylindrique*. Ordinairement, les deux faces courbes d'un manchon cylindrique sont *équidistantes*, c'est-à-dire que leur distance est partout la même (*).

D'après ces définitions, une meule non encore percée, un crayon de mine de plomb, le rouleau du laboureur, l'âme d'un fusil, un puits, un trou de tarière fait de part en part dans un corps, sont des cylindres droits, circulaires et complets; un litre, une quarte, un tuyau de poêle, un anneau plat, une cuve sont des manchons cylindriques, droits, circulaires et complets, si l'on considère leur matière, et des cylindres creux, si l'on considère leur vide; les baignoires, certains cuviers et plusieurs sortes d'autres vases sont des manchons cylindriques ou des cylindres creux, droits, oblongs et complets.

Il serait difficile de citer quelques exemples de cylindres obliques: leur rareté nous permettra d'abréger, en les passant sous silence.

La droite qui joint les centres des deux faces planes d'un cylindre, est l'*axe* de ce corps. L'axe est toujours parallèle aux droites de la surface cylindrique.

171. *Dessiner un cylindre droit, circulaire et com-*

(*) Il serait bon que tous ces corps, exécutés en bois, en fer-blanc, etc., fussent mis sous les yeux des élèves, ainsi que tous ceux dont nous parlerons dans la suite.

plet, dont l'axe est vertical et dont la longueur L et le rayon R sont donnés (P. III, F. 9).

Le plan est un cercle égal à la base. Vous décrirez donc sur le plan horizontal, au-dessous de la ligne de terre YZ, un cercle A qui ait la longueur R pour rayon. L'élévation doit être un rectangle égal à celui que forment les diamètres tracés dans les bases parallèlement à YZ, et les deux droites qui joignent les extrémités de ces diamètres. Abaissez donc du centre A une perpendiculaire sur YZ; menez deux tangentes parallèles à cette perpendiculaire A A″; tirez BC parallèlement à YZ; portez la longueur L de C en D et de B en E; puis, joignez D à E. Le cercle A indiquera la forme du cylindre; le rectangle BCDE donnera le diamètre BC de ce cylindre et la longueur L qui est égale à CD. L'axe est représenté sur le plan par le centre A et sur l'élévation par la droite A′A″=L.

172. *Mesurer la surface courbe d'un cylindre droit et complet.*

On peut concevoir cette surface composée d'une multitude de petits rectangles très-étroits dont la hauteur soit la longueur CE du cylindre (P. III, F. 9) et dont les bases forment un polygone qui se confonde avec un des cercles, si le cylindre est circulaire. Or, la somme des superficies de ces rectangles égalera la somme de leurs bases multipliée par la hauteur commune, c'est-à-dire la circonférence A du cylindre multipliée par la longueur CD. Par conséquent, une surface cylindrique, droite, circulaire et complète égale la circonférence de sa base, multipliée par sa longueur L. Comme toute circonférence égale son diamètre D multiplié par 3,1416, la formule D×3,1416×L donnera la surface courbe de tout cylindre droit et circulaire, lorsqu'on y remplacera D et L par leurs longueurs mesurées avec la même unité.

Si, par exemple, D=0^m,15 et que L=0^m,85, la surface cylindrique contiendra un nombre de mètres carrés exprimé par 0^m,15×3,1416×0,^{m}85=0^{mm},400554, ou 40 décimètres carrés, 5 centimètres carrés et 54 millimètres carrés (126).

Lorsque le cylindre est oblong, on mesure le contour de la base au moyen d'une ficelle et l'on multiplie la longueur de ce contour par celle de la surface.

173. *Mesurer la surface totale d'un cylindre droit et complet.*

Calculez la surface courbe et ajoutez-y le double de la superficie de l'une des bases.

Dans l'exemple précédent où le rayon est $0^m,075$, la superficie d'une base (156) est $0^{mm},005625 \times 3,1416 = 0^{mm},0176715$; les deux bases font ensemble $0^{mm},0176715 \times 2 = 0^{mm},035343o$, et la surface totale du cylindre circulaire vaut $0^{mm},400554 + 0^{mm},035343 = 0^{mm},435897$.

Lorsque le cylindre est oblong, on mesure la superficie de l'une des bases par un moyen analogue à celui de la fin du n° 159. Après y avoir tiré AB une des plus grandes cordes (P. III, F. 10), on la divise en parties égales et assez petites pour que les parties correspondantes de la courbe puissent être regardées, sans grande erreur, comme des lignes droites; on trace des perpendiculaires à AB, par tous les points de division; on mesure successivement toutes ces parallèles, et l'on multiplie la somme de leurs longueurs par une seule des parties de AB; le produit est à fort-peu-près la superficie de la figure.

174. *Dessiner un cylindre droit circulaire et tronqué.*

Pour avoir le dessin le plus simple, il faut supposer le cylindre placé verticalement sur le plan horizontal, et la troncature perpendiculaire au plan vertical. Alors le plan est un cercle A de même rayon que le cylindre (P. III, F. 11), et l'élévation est un trapèze BCDE dont la grande base BC égale la plus longue droite de la surface, et dont la petite base DE égale la plus courte droite. Ces côtés du trapèze sont d'ailleurs tangens au cercle A, par leurs prolongemens; BE est le diamètre du cylindre, et CD, la plus grande corde de la troncature.

175. *Mesurer la surface courbe d'un cylindre droit et tronqué.*

Si le cylindre est circulaire, mesurez la plus longue droite BC et la plus courte droite DE de la surface (P. III, F. 11); prenez leur moyenne, c'est-à-dire la moitié de leur somme, et multipliez la circonférence de la base par cette moyenne.

Si le cylindre est oblong et que la base puisse être partagée en quatre parties égales par deux droites d'équerre, vous agirez encore comme dans le cas précédent; mais lorsque la base ne sera pas divisible de cette façon, vous en partagerez le contour en parties égales et peu grandes; vous mesurerez toutes les droites de la surface qui partiront des points de division, et c'est par la moyenne de toutes ces longueurs que vous multiplierez la longueur du contour prise au moyen d'une ficelle. Le produit donnera la surface cylindrique d'autant plus exactement, que vous aurez mesuré un plus grand nombre de droites.

176. *Dessiner un manchon cylindrique droit, circulaire, complet et vertical.*

Le plan se compose de deux circonférences concentriques; le rayon de la plus petite égale le rayon du cylindre creux ou intérieur; le rayon de la plus grande est celui de la surface cylindrique extérieure. L'élévation doit présenter un grand rectangle BCDE pour la surface extérieure (P. III, F. 12), un petit rectangle FGHI pour la surface intérieure, et la ligne A'A'' de l'axe. Les côtés BC, DE du grand rectangle sont tangens à la grande circonférence, et les côtés FG, HI de l'autre sont tangens à la petite.

Il est à observer ici que les arêtes et autres lignes d'un corps ne se représentent pas toujours de la même manière. Les lignes du plan qui répondent à celles qu'on apercevrait sur l'objet en promenant les yeux au-dessus, et les lignes de l'élévation qui répondent à celles qu'on verrait sur l'objet en le regardant par devant, se font *continues*, en raison de ce qu'elles figurent des *lignes vues;* les lignes qui en figurent d'autres qu'on ne pourrait pas apercevoir dans les mêmes circonstances, et que pour cela on appelle *lignes cachées*, se font *pointillées*, c'est-à-dire en petits points ronds ou plutôt en traits séparés beaucoup plus courts que ceux d'une ligne de construction. D'après ces conventions, il est clair que les droites FG, HI doivent être pointillées, car placé en avant du manchon cylindrique, on ne verrait pas celles qu'elles représentent.

177. *Mesurer la surface courbe totale d'un manchon cylindrique quelconque.*

L'opération consiste à mesurer séparément la surface cylindrique intérieure et la surface cylindrique extérieure, en employant les moyens précédens, et à faire la somme des superficies trouvées.

178. *Mesurer la surface totale d'un manchon cylindrique quelconque.*

Après avoir fait la somme des deux surfaces courbes, il faut y ajouter le double de l'espace compris entre les deux contours d'une des bases, si le manchon est complet, ou l'espace compris entre les deux contours de la base, et l'espace compris entre les deux contours de la troncature, si le manchon est tronqué.

Lorsque les contours sont circulaires , on obtient la superficie qu'ils comprennent entre eux , en retranchant celle du petit cercle , de celle du grand. Quand les contours ne sont pas des circonférences , il faut d'abord mesurer la superficie renfermée dans chacun , comme l'enseigne le n° 173 , puis retrancher l'une de l'autre.

Surfaces coniques.

179. Toute surface courbe qui est réglée selon des droites concourantes est une *surface conique*, et le corps qu'elle enveloppe porte le nom de *cône*, si d'ailleurs il n'a pas d'autres limites courbes.

Le cône est *complet*, quand il renferme le point où concourent les droites de la surface courbe : alors il n'a qu'une face plane qui est la *base* ; il est *tronqué* dans le cas contraire, et alors il a deux faces planes : si ces deux faces sont parallèles, elles prennent ensemble le nom de *bases* ; si elles ne le sont pas , l'une est la *base* et l'autre la *troncature*.

Le cône est *circulaire* ou *oblong* , selon qu'il a un cercle ou une autre figure pour base ; il est *droit* , lorsque toutes les droites de la surface courbe font le même angle sur la base (85); il est *oblique* quand cela n'a pas lieu. Enfin, il y a des *manchons coniques*, comme des manchons cylindriques; mais les premiers résultent toujours de cônes tronqués.

Ainsi, les pains de sucre non émoussés , les pointes des paratonnerres et des poinçons à percer , l'intérieur d'un éteignoir sont des cônes droits , circulaires et complets ; une colonne et les pierres rondes qui la composent, sont des cônes tronqués ou des *troncs* de cône droit et circulaire ; il en est de même d'un seau évasé , d'un chapeau d'homme , d'un dé de tailleur . si l'on considère leur vide ; mais ces mêmes corps sont des manchons coniques quand on considère leur matière.

Les arts n'exécutent que très rarement des cônes obliques, et des troncs de cônes à faces planes non parallèles ; ainsi , nous n'aurons pas à nous occuper de ces corps.

Le point où concourent les droites d'une surface conique, est le *sommet* de cette surface. La droite qui joint le sommet au centre de la base se nomme *axe*. Dans un cône droit et dans un tronc de cône droit, l'axe est perpendiculaire à la base.

180. *Dessiner un cône droit, circulaire et complet dont l'axe est vertical.*

Tracez sur le plan horizontal, un cercle égal à la base, vous aurez le plan. Abaissez du centre A (P. III, F. 13), une perpendiculaire AA′ sur la ligne de terre YZ; menez des tangentes parallèles à AA′; d'un des points B, C où elles rencontrent YZ, avec un rayon égal à la longueur du cône mesurée sur la surface courbe, décrivez un arc qui coupe le prolongement de AA′ en un point A″; puis joignez ce point à B et à C. Le triangle symétrique BA″C sera l'élévation du cône, A′A″ sera la vraie longueur de l'axe, BA″ sera celle des droites de la surface, et A″ représentera le sommet.

181. *Mesurer la surface courbe d'un cône droit et complet.*

Cette surface est la somme d'une multitude de triangles dont les très-petites bases formeraient le contour de la base du cône, et qui auraient pour hauteur commune la longueur d'une droite de la surface conique. Or, la somme de ces triangles égale évidemment la moitié du produit de la somme des bases multipliée par la hauteur commune. Donc, la surface courbe égale la moitié du produit du contour de sa base multiplié par la longueur d'une de ses droites.

Appelons D le diamètre de la base et L la longueur de la surface; la formule qui donnera la surface courbe de tout cône droit et circulaire, sera $\dfrac{D \times 3,1416 \times L}{2}$.

Si, par exemple, $D = 0^m,04$ et que $L = 0^m,30$, le nombre des mètres carrés contenus dans la surface conique sera exprimé par $\dfrac{0^m,04 \times 3,1416 \times 0^m,30}{2} = 0^{mm},01885$ ou 1 décimètre carré,88 centimètres carrés et 50 millimètres carrés.

La surface totale d'un cône droit et complet est évidemment la somme de la surface courbe et de la superficie de la base.

182. *Dessiner un tronc de cône droit et circulaire, à bases parallèles.*

Le plan se compose de deux circonférences concentriques, lorsque l'axe est vertical: l'une est égale à la grande base et l'autre à la petite. Pour construire l'élévation, il faut abaisser du centre A, une perpendiculaire AA″ sur la ligne de terre (P. III, F. 14); mener une parallèle à YZ, qui en soit éloignée d'une longueur A′A″ égale à la distance des deux bases; puis tracer des tangentes aux deux circonférences du plan, parallèlement à AA" : celles de la grande circonférence déterminent le diamètre BC de la base inférieure ; celles de la petite donnent le diamètre DE de la base supérieure ; le trapèze symétrique BCDE est l'élévation du tronc de cône, et BE ou CD est la vraie longueur des droites de la surface conique.

183. *Mesurer la surface courbe d'un tronc de cône droit à bases parallèles.*

Elle peut être considérée comme couverte d'une multitude de trapèzes dont les très-petites bases forment les contours des deux bases du tronc. Ces trapèzes ont une hauteur commune BE (P. III, F. 14) ; chacun est égal à la demi-somme de ses deux bases multipliée par sa hauteur (139), et leur somme vaut conséquemment la demi-somme de toutes les bases, multipliée par BE. Donc, la surface du tronc de cône doit être exprimée par la demi-somme des contours de ses bases, multipliée par la longueur d'une de ses droites.

Soient D le diamètre de la grande base d'un tronc circulaire, d celui de la petite base et L la longueur de BE. La surface d'un tronc de cône circulaire quelconque, à bases parallèles, sera représentée par cette formule
$$\frac{D \times 3,1416 + d \times 3,1416}{2} \times L = \frac{D+d}{2} \times 3,1416 \times L.$$ Vous calculerez donc une pareille surface en multipliant la demi-somme des deux diamètres par 3,1416 et le produit par la longueur d'une des droites.

Si, par exemple, vous voulez évaluer le crépis extérieur d'une tour ronde, dont le mur en talus forme une surface tronc-conique, et que cette tour ait extérieurement 10^m de diamètre par le bas, 9^m de diamètre en haut, 50^m de longueur, vous écrirez $\frac{10^m + 9^m}{2} \times 3,1416 \times 50^m = 9^m,5 \times 3,1416 \times 50^m = 475^{mm} \times 3,1416 = 1492^{mm},26.$

184. *Dessiner un manchon conique droit et circulaire, à bases parallèles.*

Un pareil corps présente deux surfaces tronc-coniques, l'une extérieure, l'autre intérieure. Vous pourrez donc exécuter le dessin en appliquant successivement à ces deux surfaces, ce qui a été prescrit dans le n° 182, pour une seule. Mais vous observerez de pointiller la grande circonférence et les droites BE, CD de la surface intérieure (P. III, F. 15), car ces trois lignes sont évidemment cachées (176).

185. *Mesurer la surface totale d'un manchon coni-que, droit, à bases parallèles.*

Procédez comme il est enseigné dans les nᵒˢ 178, 183 et 173.

Surfaces sphériques.

186. De toutes les surfaces courbes non réglées ou sur lesquelles une règle ne saurait s'appliquer dans aucun sens, sur toute sa longueur, nous n'avons à considérer que celles qui peuvent être coupées selon des circonférences, par des plans parallèles. Les autres se présentent trop rarement pour que nous devions nous en occuper.

Une des plus remarquables des premières, c'est la surface des boules; les géomètres l'appellent *surface sphérique*, parce qu'ils ont donné le nom de *sphère* au corps qu'elle enveloppe.

La surface sphérique a tous ses points également éloignés d'un autre qui en est le centre. Les droites qui vont de ce centre à la surface, sont des *rayons* de même longueur; celles qui vont d'un point de la surface à un autre, en passant par le centre, sont des *diamètres*, et il y a égalité entre tous ces diamètres, comme entre les rayons qui en sont les moitiés.

On prend le diamètre d'une sphère au moyen d'une double équerre ou compas analogue à celui dont se servent les cordonniers pour mesurer la longueur d'un pied d'homme; mais il faut que les petites branches parallèles de ce compas soient sensiblement plus grandes que la moitié du diamètre à mesurer; il faut aussi que toute la sphère puisse passer entre elles, pour que leur écartement donne une mesure juste. A défaut de compas de cordonnier, on se sert d'une règle et de deux équerres.

187. *Dessiner une sphère dont le diamètre D est donné* (P. III, F. 16).

Le plan et l'élévation sont des cercles A, A′ d'un rayon égal à la moitié de D; les centres de ces cercles doivent être placés sur une droite AA′ perpendiculaire à la ligne de terre YZ.

188. *Mesurer une surface sphérique.*

Il suffit de multiplier par 3,1416 le quarré numérique du diamètre mesuré en mètres; le produit donne le nombre de mètres carrés contenus dans la surface.

Ainsi, $D \times D \times 3,1416$ est la formule à l'aide de laquelle on peut calculer la surface d'une sphère quelconque.

Si, par exemple, le diamètre $D = 0^m,25$, on a, pour la surface sphérique $0^m,25 \times 0^m,25 \times 3,1416 = 0^{mm},0625 \times 3,1416 = 0^{mm},19635$.

189. *Mesurer la surface courbe d'une calotte sphérique.*

On nomme *calotte sphérique*, une portion de sphère terminée par une face plane, laquelle ne peut être qu'un cercle. Le plan de cette surface courbe est un cercle égal à celui de la face plane, dont le diamètre égale BD, par exemple, (P. III, F. 17); l'élévation est un segment de cercle BCD.

Pour trouver la superficie demandée, il faut multiplier la circonférence A′ par la *hauteur* CE de la calotte; elle égale donc le diamètre de la sphère $D \times 3,1416 \times CE$.

190. *Mesurer la surface courbe d'une zône sphérique.*

Une *zône* a deux faces parallèles qui sont des cercles. L'élévation est une partie BDFG du cercle A′ comprise entre deux parallèles BD, FG (P. III, F. 17). Le plan est l'espace renfermé entre deux cercles qui ont A pour centre commun, et pour diamètres les cordes BD, FG.

Pour trouver la superficie demandée, on multiplie la circonférence A′ par la *hauteur* EH de la zône; elle égale donc le diamètre de la sphère $D \times 3,1416 \times EH$, comme celle d'une calotte sphérique.

Surfaces annulaires.

191. On nomme surface annulaire, la surface totale de tout anneau rond semblable aux anciennes bagues d'alliance.

Dessiner un anneau rond.

Le plan est formé de deux circonférences concentriques (P. III, F. 18); l'une égale la plus grande circonférence de l'anneau, l'autre égale la plus petite du vide. Leur distance ou la différence de leurs rayons est par conséquent l'épaisseur de l'anneau.

L'élévation présente deux droites BC, DE parallèles à la ligne de terre YZ, dont la distance est la même que celle des circonférences du plan. Pour achever le dessin, faites l'axe de l'anneau, en abaissant de A′ une perpendiculaire AA″ sur YZ; menez parallèlement à cette perpendiculaire, quatre tangentes aux deux circonférences du plan; puis, inscrivez deux cercles dans les carrés formés par ces tangentes et les parallèles BC, DE (149). La figure BCFDEG terminée par ces parallèles et les moitiés extérieures des petits cercles, sera l'élévation de l'anneau. Les moitiés intérieures des mêmes cercles devront être pointillées.

192. *Mesurer une surface annulaire.*

Il faut multiplier la circonférence qui tiendrait le milieu entre celles du plan, par la circonférence dont le diamètre égale l'épaisseur de l'anneau. Si donc D est le diamètre de la plus grande circonférence de la surface, d celui de la plus petite circonférence du vide, e l'épaisseur, on doit calculer la longueur d'une circonférence qui ait pour diamètre la moyenne de D et de d, ou $\frac{D+d}{2}$, et multiplier cette circonférence par $e \times 3,1416$. Or, la circonférence dont $\frac{D+d}{2}$ est le diamètre, a pour longueur $\frac{D+d}{2} \times 3,1416$. La superficie cherchée vaut donc $\frac{D+d}{2} \times 3,1416 \times e \times 3,1416$. D'ailleurs, l'épaisseur e est évidemment la moitié de la différence des deux diamètres D, d, ou $\frac{D-d}{2}$. Par conséquent, la surface annulaire est exprimée aussi par ce produit $\frac{D+d}{2} \times 3,1416 \times \frac{D-d}{2} \times 3,1416$ ou $\frac{D+d}{2} \times \frac{D-d}{2} \times 3,1416 \times 3,1416$.

Ainsi, on mesure une surface annulaire, en multipliant la demi-somme des diamètres D, d par leur demi-différence, et le produit par le quarré de 3,1416.

Supposons, pour exemple, que le plus grand diamètre d'un anneau soit de $0^m,25$ et le plus petit du vide de $0^m,15$. Leur demi-somme sera $0^m,20$ et leur demi-différence $0^m,05$. Le produit de ces deux nombres égale $0^{mm},01$; le quarré de 3,1416 donne 9,86965056, et conséquemment la surface annulaire égale $0^{mm},01 \times 9,86965056 = 0^{mm},098696$.

Surfaces courbes circulaires.

193. Nous comprendrons sous le titre de *surfaces courbes circulaires*, les surfaces courbes quelconques qui, sans être cylindriques, coniques, sphériques, ni annulaires, peuvent cependant être coupées comme celles-là, selon des circonférences, par des plans parallèles. La surface courbe d'un tonneau, celle d'une cloche, celles de plusieurs vases sont dans ce cas. La même méthode de

mesurage s'applique à toutes, et il suffit d'un seul exemple pour la faire comprendre.

Mesurer la surface courbe d'un tonneau.

Vous partagerez en parties égales qui puissent être regardées, sans grande erreur, comme des droites, une courbe tracée sur la surface, perpendiculairement aux circonférences parallèles. Sur le tonneau, cette courbe se trouve toute faite : c'est un des joints des douves. Les circonférences parallèles qui passeraient par les points de division, formeraient des surfaces tronc-coniques droites et circulaires dont la somme serait égale à celle de la superficie demandée. Il s'agit donc de trouver la somme de ces surfaces. Or, chacune est égale à la demi-somme des circonférences de ses deux bases, multipliée par sa longueur (183), et par conséquent, la totalité vaut le produit de la longueur commune multipliée par la demi-somme des deux circonférences extrêmes ajoutée à la somme de toutes les circonférences intermédiaires (159).

Ainsi, pour mesurer la surface courbe d'un tonneau, vous prendrez, à l'aide d'une ficelle, les longueurs des circonférences des deux bouts et celles des circonférences qui passeraient par les points de division d'un joint de douves ; vous ferez la demi–somme des deux premières, vous l'ajouterez à la somme des autres, et vous multiplierez le tout par la distance de deux points de division voisins, prise avec une ficelle, pour plus d'exactitude. Le produit sera la superficie demandée.

POLYÈDRES.

194. Nous commencerons l'étude des corps, par ceux dont toutes les faces sont planes. On les appelle *polyèdres*. Les arêtes d'un polyèdre sont donc toutes des lignes droites (86).

Les polyèdres portent différens noms qui dépendent de la direction des arêtes limitées par une même face : ce sont des *prismes*, si ces arêtes sont parallèles; ce sont des *pyramides*, si ces arêtes concourent toutes en un même point. Quand les arêtes qui partent d'une même face, ne se trouvent ni dans l'un, ni dans l'autre de ces cas, le corps conserve le nom générique de *polyèdre*.

Ainsi, une pièce de bois de charpente, un double-décimètre de Kutsch, une règle, une équerre, les briques, les maisons, leurs toits, leurs cheminées, sont des prismes pleins ou creux; les clochers à faces planes, les toits des pavillons, les pointes de certains marteaux, celles des clous et des compas, les trémies, les cheminées en hottes renversées, sont des pyramides pleines ou creuses ; les diamans et tous les corps taillés à facettes, comme les pierres précieuses, sont simplement des polyèdres.

PRISMES.

195. La face d'où partent les arêtes parallèles d'un prisme est sa *base*. Si le prisme est *complet*, il a deux bases parallèles, et toutes les arêtes parallèles sont égales. Lorsque ces mêmes arêtes se trouvent inégales et qu'elles sont pourtant limitées par deux faces planes, le prisme est *tronqué* ; l'une de ces faces planes en est la base et l'autre la *troncature*. Dans les deux cas, les autres faces du prisme sont les *faces latérales*.

Un prisme est *droit* ou *oblique* selon que les arêtes parallèles sont perpendiculaires ou obliques sur la base.

On nomme *hauteur* d'un prisme complet la perpendiculaire abaissée d'un point de sa base supérieure sur la base inférieure, étendue s'il est nécessaire. Une des arêtes parallèles donne la *longueur* d'un prisme complet. Par conséquent, la longueur et la hauteur d'un prisme droit sont égales ; mais il n'en est pas de même pour les prismes obliques.

C'est par leurs bases qu'on distingue les prismes les uns des autres. Si la base est un triangle, un quadrilatère, un pentagone, un hexagone, etc., le prisme est dit *triangulaire, quadrangulaire, pentagonal, hexagonal*, etc.

Lorsque les bases d'un prisme quadrangulaire sont des parallélogrammes, il prend le nom de *parallélipipède ;* lorsqu'elles sont des rectangles, il s'appelle *prisme rectangle*, et lorsqu'elles sont des carrés, on le nomme *prisme carré*. Les madriers, les fers plats, les briques, les carreaux de vitre, les feuilles de papier même, sont des prismes rectangles ; les piliers, les poteaux, les carrelets, sont des prismes carrés.

Enfin, le prisme carré porte le nom de *cube,* quand ses 6 faces sont des carrés ; alors ses 12 arêtes sont égales : tels sont les dés à jouer.

196. Vous savez déjà dessiner un prisme triangulaire et droit (167), un prisme droit et rectangle (168) ; un prisme carré aurait le même plan ABCD que ce dernier (P. III, F. 8) et son élévation devrait être évidemment

un rectangle égal à ABCD. Reste à vous apprendre comment se fait le dessin d'un prisme oblique, d'un prisme tronqué et d'un cube.

Dessiner un cube dont la base est horizontale.

Le plan est nécessairement un carré A (P. III, F. 19), et si vous placez une des faces latérales parallèlement au plan vertical, l'élévation est un autre carré A'; mais dans tout autre cas, l'élévation est un rectangle A'A"C"C' (F. 20) sur lequel doit être marquée l'arête vue B. Il faut même y tracer l'arête cachée D, quand la diagonale BD du plan ABCD ne se trouve pas perpendiculaire à la ligne de terre YZ.

197. *Dessiner un prisme hexagonal tronqué dont la base est horizontale.*

Le plan est un hexagone égal à la base; l'élévation est un trapèze A'A"D"D' (P. III, F. 21), si vous placez le prisme de manière que la troncature soit perpendiculaire au plan vertical. Les arêtes vues B, C doivent être tracées sur ce trapèze. Vous n'y voyez pas les arêtes cachées, E, F, parce que les diagonales BF, CE du plan sont perpendiculaires à la ligne de terre.

198. *Dessiner un prisme oblique à bases triangulaires.*

Plaçons les bases horizontalement, et rendons les arêtes qui les séparent parallèles au plan vertical. Il faudra faire sur le plan horizontal un triangle ABC égale à chaque base (P. III, F. 22); abaisser de A une perpendiculaire AA' sur la ligne de terre; porter la hauteur du prisme de A' en G; mener par G une parallèle à la ligne de terre, et décrire de A', avec un rayon égal à la longueur du prisme, un arc qui coupe GE' en D'. La droite A'D' sera l'élévation de celle des arêtes parallèles qui part de A; pour en avoir le plan AD, vous tracerez par A une parallèle à la ligne de terre, et par D' une parallèle à AG. Le dessin s'achève ensuite au moyen de parallèles à AD et à AG tirées par B, C, de parallèles à A'D' menées par B', C' et de parallèles à AG tracées par E', F'. Le plan du prisme oblique est donc la figure ABCFDE qui renferme deux triangles égaux et trois parallélogrammes; l'élévation est le parallélogramme A'B'E'D' qui se compose de deux autres. Les droites BC, CF' sont pointillées, parce qu'elles représentent des lignes cachées, l'une par rapport au plan, l'autre par rapport à l'élévation.

Comparaison des prismes.

199. L'espace renfermé entre toutes les faces d'un corps est ce qu'on appelle le *volume* ou la *capacité* de ce corps : le premier de ces mots s'emploie pour désigner tout l'espace compris entre des faces extérieures ; le second pour désigner tout l'espace compris entre des faces intérieures : on dit , par exemple , le volume d'une pierre de taille , d'une pièce de bois, d'une barre de fer ; la capacité d'une quarte, d'un litre, d'un seau , d'un tonneau. La capacité du tonneau est bien différente du volume ; elle en diffère de tout l'espace occupé par le bois dont sont faites les parois. Par conséquent, la capacité d'un vase quelconque égale le volume du liquide ou des grains qu'il faudrait pour le remplir , et le volume du même vase égale la capacité plus le volume des parois. Toutefois , les relations qui existent entre les volumes , sont les mêmes pour les capacités , et cela doit être , puisque la capacité d'un vase est toujours le volume du corps ou de l'ensemble des corps qui le rempliraient.

200. Deux prismes quelconques sont équivalens en volume , quand ils ont des bases équivalentes et même hauteur. Si , par exemple , le carré A de la figure 19 (P. III) et le triangle ABC de la figure 22 renferment la même superficie, que de plus le côté de ce carré égale A'G (F. 22), le volume du cube est le même que celui du prisme triangulaire oblique.

Deux prismes quelconques qui ont même hauteur , se contiennent le même nombre de fois que leurs bases , et quand les prismes ont des bases équivalentes , ils se contiennent comme leurs hauteurs. Si donc il est reconnu qu'un prisme rectangle et un prisme triangulaire ont chacun 14^{mm} de base , que la hauteur du premier est 15^m et celle du second 5^m , on pourra être certain que le prisme rectangle vaut 3 fois le prisme triangulaire.

Ces principes font éviter de longs mesurages. Supposez, pour vous en convaincre, qu'une pile de bois à brûler, longue de 10^m, contienne 16 cordes , et qu'il s'agisse de corder une autre pile de même hauteur , longue de 40^m. On pourra trouver le nombre de cordes de cette grande pile , en multipliant 16 par le quotient d'une des bases divisée par l'autre. Or , les bases sont des rectangles qui ont pour largeur commune la longueur des bûches ; ces bases se contiennent donc comme leurs longueurs 40 et 10 (119), c'est-à-dire 4 fois, et l'on trouve que la grande pile renferme 64 cordes, par la simple multiplication des deux nombres 16 et 4.

Si les deux piles de bois avaient même longueur, il y aurait égalité entre leurs bases, et dans le cas où les hauteurs seraient 12^m et 8^m, la petite contenant toujours 16 cordes, il y en aurait $16 \times \frac{12}{8} = 24$ dans la grande.

Combien faut-il de briques pour construire une cloison longue de 8^m et haute de 4^m?

Les briques sont ordinairement posées de champ; ainsi leur épaisseur est la même que celle de la cloison. Par conséquent, cette cloison doit contenir autant de briques, que sa superficie 32^{mm} contient une grande face de brique. Cette grande face a $0^m,23$ sur 0^m112; elle est donc de $0^{mm},02576$. Divisant 32^{mm} par $0^{mm},02576$, on trouve 1242 plus une fraction, et l'on en conclut qu'il faut 1243 briques.

201. Deux prismes sont égaux quand les arêtes, les faces et les coins de l'un sont de même grandeur que les parties correspondantes de l'autre (88); mais il suffit pour prononcer que deux cubes sont égaux, d'avoir reconnu qu'il y a égalité entre les arêtes des deux corps; car elle existe alors entre les faces, et tous les coins étant droits, sont nécessairement égaux.

Mesurage des prismes.

202. L'unité de mesure pour les volumes, est ordinairement le volume d'un cube qui a pour arête l'unité de mesure des longueurs. Si cette arête est d'un pouce, l'unité de volume est dite *pouce cube*, ce qui signifie *cube d'un pouce de côté;* si l'arête est d'un pied, on a le *pied cube;* s'il est d'une toise, il donne la *toise cube.*

On peut employer aussi des prismes carrés pour mesurer les volumes. Le bois de charpente se mesurait ou se *cubait* autrefois à la *solive;* cette unité avait 12 pieds le longueur et 6 pouces *d'écarrissage*, c'est-à-dire que ses bases étaient des carrés de 6^{po} de côté. On la partageait en 6 parties égales appelées *pieds de solive;* le pied de solive valait 12 *pouces de solive*, et le pouce de solive contenait 12 *lignes de solive.*

Il y avait dans l'ancien système de mesures et il y a encore aujourd'hui pour les mesures usuelles dérivées du mètre, la toise-toise-pied, la toise-toise-pouce, la toise-

toise-ligne. Ce sont des prismes carrés qui ont, comme l'indiquent leurs noms, une toise carrée pour base et un pied ou un pouce ou une ligne pour hauteur.

Le bois de chauffage se mesurait à la *corde*, et il se mesure encore de même dans un grand nombre de localités. La corde la plus usitée est un prisme carré de 4 pieds d'écarrissage sur 8 pieds de long. On le divise en moitiés, quarts, huitièmes, seizièmes et trente-deuxièmes de corde.

Les unités des anciennes mesures de capacité dérivaient du pied cube et du pouce cube, mais ce n'était ni des cubes, ni des prismes carrés. Elles variaient tellement d'un lieu à un autre, et par suite le nombre en était si grand, qu'il serait à-peu-près inutile d'en citer quelques-unes. On pourra d'ailleurs leur appliquer les méthodes de mesurage qui vont être enseignées, dès que l'on connaîtra leurs valeurs en pieds ou pouces cubes.

203. Le cube qui sert à mesurer les volumes selon le système décimal, se nomme *millimètre cube*, si l'arête est d'un millimètre ; *centimètre cube*, si l'arête a un centimètre ; *décimètre cube* ou *litre*, si l'arête est d'un décimètre ; *mètre cube* ou *stère*, si l'arête a un mètre.

Les dixièmes, centièmes, millièmes, etc., du mètre cube, sont des prismes carrés qui ont un mètre carré de base et un décimètre, ou un centimètre, ou un millimètre, etc., de hauteur (200).

Les subdivisions du litre sont le *décilitre* ou dixième et le *centilitre* ou centième ; les composés sont le *décalitre* ou dixaine, *l'hectolitre* ou centaine, le *kilolitre* ou millier.

Le stère n'a pas d'autre subdivision que le *décistère* ou dixième, ni d'autre composé que le *décastère* ou dixaine.

204. Un prisme rectangle quelconque contient l'unité de mesure prismatique ou cubique autant de fois que l'indique le produit de la superficie de sa base multipliée par sa hauteur ou longueur. En effet, supposons que cette longueur A′A″ donnée par l'élévation A′A″B″B′ du prisme (P. III , F. 23) contienne 4 fois la hauteur de l'unité de mesure. Si nous coupions le corps à tous les points de division et parallèlement à la base, il se trouverait décomposé en 4 prismes qui auraient des bases égales, des hauteurs égales et par suite même volume (201). Tous contiendraient donc l'unité de mesure le même nombre de fois, et il suffirait de multiplier ce nombre de fois par le nombre 4 de ces petits prismes, pour avoir la mesure du

grand. Or, le premier A'A'''B'''B' contiendrait l'unité de mesure autant de fois que sa base, qui est la base ABCD du grand prisme, pourrait recevoir la base carrée de cette unité, c'est-à-dire autant de fois que le marque la superficie de ABCD (122). Donc, pour connaître le volume d'un prisme rectangle, il faut multiplier la superficie de la base, mesurée avec la base de l'unité de volume, par la hauteur mesurée avec celle de la même unité. Cette superficie est ici 35, et le volume est par conséquent $35 \times 4 = 140$.

Comme la superficie de la base ABCD est égale au produit de $7 = $ AB largeur du prisme, multipliée par $5 = $ AD épaisseur, on peut dire aussi que le volume de tout prisme rectangle égale le produit de sa largeur, de son épaisseur et de sa hauteur, mesurées avec la largeur, l'épaisseur et la hauteur de l'unité de volume.

Ainsi, lorsque vous voudrez mesurer un prisme rectangle en mètres cubes, vous mesurerez les trois dimensions en mètres, vous multiplierez deux des longueurs l'une par l'autre, puis vous multiplierez le produit par la 3e. Lorsqu'il faudra mesurer en toise-toise-pieds, vous pourrez prendre en toises les dimensions de la base du prisme et multiplier leur produit par la hauteur exprimée en pieds.

205. Il suit de là que la toise cube, cas particulier du prisme rectangle, contient 216 pieds cubes, car $6 \times 6 \times 6 = 216$; que le pied cube vaut 1728 pouces cubes, car $12 \times 12 \times 12 = 1728$; que le pouce cube égale 1728 lignes cubes; que le mètre cube renferme 1000 décimètres cubes, puisque $10 \times 10 \times 10 = 1000$; que le décimètre cube se compose de 1000 centimètres cubes, et que le centimètre cube vaut 1000 millimètres cubes.

Vous verrez aussi que la solive égale 3 pieds cubes, puisque $6^{po} \times 6^{po} \times 12^{pi} = \frac{1}{2}^{pi} \times \frac{1}{2}^{pi} \times 12^{pi} = \frac{1}{4}^{ppi} \times 12^{pi} = \frac{1}{4}^{pi.c}$, et vous en conclurez que la solive est contenue dans la toise cube autant que $3^{pi.c}$ dans $216^{pi.c}$, ou 72 fois. La toise-toise-pied, qui est $\frac{1}{6}$ de la toise cube, vaut de même 72 fois le pied de solive qui est $\frac{1}{6}$ de la solive; la toise-toise-pouce, douzième de la toise-toise-pied, contient 72 fois le pouce de solive, douzième du pied de solive; et enfin la toise-toise-ligne, douzième de la toise-toise-pouce, comprend 72 fois la ligne de solive, douzième du pouce de solive.

206. *Mesurer un prisme rectangle en mètres cubes et parties décimales.*

Supposons que la longueur soit 15ᵐ,35 , que la largeur soit 7ᵐ,15 et que l'épaisseur ait 2ᵐ,328. Vous multiplierez 15ᵐ,35 par 7ᵐ,15 et vous aurez 109ᵐᵐ,7525 ; vous multiplierez ce produit par 2ᵐ,328 et vous trouverez pour volume 255ᵐᶜ,50382.

207. *Mesurer un prisme rectangle en mètres cubes et parties cubiques.*

Faites les mêmes opérations que dans le cas précédent, et partagez les décimales du second produit en groupes de 3 chiffres chacun , à partir de la virgule. Le dernier groupe à droite pourra se trouver incomplet ; vous le compléterez en écrivant un ou deux zéros à la suite.

On voit ainsi que le prisme rectangle dont le volume est de 255ᵐᶜ,50382 , contient 255 mètres cubes , 503 décimètres cubes et 820 centimètres cubes (205). Ce second mode de mesurage est moins usité que le premier.

208. *Jauger un prisme rectangle en litres.*

Agissez comme si vous vouliez mesurer en mètres cubes , et reculez la virgule de 3 rangs vers la droite ; vous aurez des litres pour unités principales , puisque le litre vaut un décimètre cube et que le décimètre cube est le millième du mètre cube.

Ainsi, un prisme rectangle qui aurait 4ᵐ,256 de hauteur , 2ᵐ de largeur et 1ᵐ,004 d'épaisseur , serait en volume de 8ᵐᶜ,54648=4ᵐ,256×2ᵐ×1ᵐ,004 et contiendrait 8546ˡ,048 ou 8546 litres et 5 centilitres.

209. *Jauger un prisme rectangle en hectolitres.*

Opérez comme s'il s'agissait de mesurer en mètres cubes et reculez la virgule d'un seul rang vers la droite ; vous aurez des hectolitres pour unités principales , puisque l'hectolitre vaut 100 litres et que pour les litres il faut reculer la virgule de 3 rangs.

Le vase de l'exemple précédent contiendrait donc 85ʰ,46048 ou 85 hectolitres , 46 litres et 5 centilitres.

210. Le mesurage en stères doit se faire absolument comme le mesurage au mètre cube , puisque ces deux unités sont égales. Pour *mesurer une pièce de bois carré en décistères*, il faut opérer comme si l'on voulait obtenir des mètres cubes et reculer la virgule d'un rang à droite , car le décistère est le dixième du stère. On se borne ordinairement aux millièmes de décistère dans ce mesurage.

211. *Mesurer un prisme rectangle en toises cubes et parties prismatiques.*

Vous mesurerez chacune des trois dimensions avec la toise linéaire et ses subdivisions, puis vous ferez le produit de ces trois nombres, au moyen de deux multiplications complexes. Dans la première, il faudra regarder le multiplicande comme exprimant des toises carrées, toise-pieds, etc.; le produit donnera la superficie d'une des faces prise pour base (129). Dans la seconde, cè produit qui sera multiplicande, devra être considéré comme un nombre de toises cubes, toise-toise-pieds, toise-toise-pouces, etc., et le 2e produit fera connaître en pareilles unités le volume du prisme. Ces opérations ne présenteront aucune difficulté à ceux qui auront l'habitude de la multiplication complexe ordinaire et qui se rappelleront que les toises carrées et leurs parties rectangulaires, les toises cubes et leurs parties prismatiques se contiennent comme les toises, les pieds, les pouces et les lignes de longueur.

212. *Mesurer un prisme rectangle en toises cubes et parties cubiques.*

Mesurez les trois dimensions avec la toise linéaire et ses subdivisions; réduisez ces longueurs en unités de la plus petite espèce qu'elles contiennent, en lignes par exemple; le produit des trois nombres de lignes vous donnera en lignes cubes, le volume du prisme. Alors, il faudra diviser ce nombre par 1728^{lc}, valeur d'un pouce cube; le reste donnera les lignes cubes du prisme, et le quotient exprimera des pouces cubes. Ce quotient divisé par $1728^{po.c}$, valeur d'un pied cube, donnera pour reste les pouces cubes du prisme, et pour second quotient un nombre de pieds cubes. Le 2e quotient divisé par $216^{pi.c}$, valeur d'une toise cube, donnera pour reste les pieds cubes du prisme et pour 3e quotient les toises cubes. Écrivant donc à la suite de ce 3e quotient, successivement les trois restes, en commençant par le dernier, vous aurez le volume en toises cubes, pieds cubes, pouces cubes et lignes cubes. Cette méthode est analogue à celle du n° 128 et n'en diffère que par les diviseurs.

213. *Mesurer une pièce de bois carré en solives.*

Mesurez les trois dimensions avec la toise linéaire et ses

subdivisions ; multipliez-en une par 6 , une autre par 6 et la 3ᵉ par 2 ; puis faites le produit des trois longueurs ainsi modifiées , comme s'il fallait obtenir des toises cubes et des parties prismatiques de la toise cube (211). Le produit exprimera des solives au lieu de toises cubes , des pieds de solives au lieu de toise–toise–pieds , des pouces de solives au lieu de toise–toise–pouces , et des lignes de solive au lieu de toise-toise-lignes; car en multipliant deux dimensions par 6 et la 3ᵉ par 2 , c'est comme si vous eussiez fait d'abord le produit des trois et que vous l'eussiez multiplié ensuite par $72 = 6 \times 6 \times 2$; or il faut multiplier la toise cube et ses parties prismatiques par 72 , pour les convertir en solives et parties de solive (205).

214. *Corder une pile de bois de chauffage qui forme un prisme rectangle.*

Comme la largeur de cette pile égale la longueur des bûches , elle est la même que la largeur de la corde. Or la largeur d'un prisme peut être prise pour sa hauteur. La pile et la corde ont donc même hauteur et se contiennent comme leurs bases (200) , c'est-à-dire, comme les produits des longueurs par les épaisseurs. Mesurez donc la longueur horizontale et l'épaisseur verticale de la pile en pieds ; multipliez ces deux dimensions et divisez le nombre de pieds carrés que donne le produit , par 32 nombre des pieds carrés d'une grande face de la corde. Vous aurez pour quotient la quantité de cordes de la pile.

Si la pile n'avait comme la corde que 4 pieds d'élévation , elle serait aussi un prisme carré ; les deux prismes étant terminés à chaque bout par des carrés égaux , se contiendraient comme leurs longueurs , et il suffirait de prendre le huitième de la longueur de la pile exprimée en pieds , pour connaître le nombre de cordes.

215. *Mesurer un cube.*

Appliquant ce qui a été dit du prisme rectangle dont le cube n'est qu'un cas particulier , vous verrez qu'il faut faire le quarré de la longueur de l'arête et multiplier ce quarré par cette même longueur. Si donc l'arête AB du cube de la figure 20 (P. III) a 8^m , le volume de ce corps vaudra $64^{mm} \times 8^m = 512^{mc}$.

Un produit qui résulte, comme 512, de deux multiplications où le même nombre forme le premier multiplicande et les deux multiplicateurs , est le *cube* de ce nombre. On peut donc dire que *le volume d'un cube égale le cube numérique de l'arête.*

Il est bon de savoir par cœur les cubes des douze premiers nombres; les voici :

Nombres: 1, 2, 3, 4, 5, 6, 7, 8, 9, 10, 11, 12.
Cubes: 1, 8, 27, 64, 125, 216, 343, 512, 729, 1000, 1331, 1728.

Vous verrez aisément qu'en effet 343, par exemple, est le produit de 49 quarré de 7, multiplié par 7, ou, ce qui revient au même, que $343 = 7 \times 7 \times 7$.

216. *Cuber un prisme quelconque.*

Imaginez un prisme rectangle qui ait même hauteur et même superficie de base que le prisme quelconque; les deux corps seront équivalens (200). Par conséquent, le volume du prisme quelconque égalera le produit de la base du prisme rectangle multipliée par la hauteur commune. Mais, on aurait le même produit en multipliant par la hauteur commune, la superficie de la base du prisme quelconque, puisqu'elle égale la superficie de la base du prisme rectangle. On trouve donc le volume de tout prisme, en multipliant la superficie de la base par la hauteur.

Observez bien que cette hauteur est la longueur de la perpendiculaire abaissée d'un point quelconque de la base supérieure sur la base inférieure, étendue s'il est nécessaire, et qu'elle doit se prendre au fil-à-plomb, lorsque le prisme est oblique et à bases horizontales.

Ainsi, pour cuber une pièce de bois de charpente qui aurait la forme et la position du prisme triangulaire oblique de la figure 22 (P. III), vous calculeriez la superficie de la base ABC en mètres carrés, par exemple (137), et vous la multiplieriez par la longueur de E'H prise en mètres au moyen du fil-à-plomb. Le produit serait le volume de la pièce en mètres cubes; mais vous le convertiriez aisément en décistères (210).

S'il fallait déterminer la capacité d'un grenier à fourrage dont la forme fût celle d'un prisme triangulaire et droit, vous mesureriez la superficie d'un des pignons triangulaires et vous la multiplieriez par la distance horizontale de ces pignons, laquelle est la hauteur du prisme.

217. *Corder une pile de bois de chauffage qui a 4 pieds d'élévation, dont un des bouts est vertical et l'autre en talus.*

C'est un semblable prisme qu'on forme pour corder le bois à la porte de l'acheteur. Il contient la corde autant que son trapèze contient un rectangle de 8^{pi} sur 4^{pi} (200). Or, le trapèze a aussi 4^{pi} de hauteur; il contient donc le rectangle autant de fois que la demi-somme de ses deux bases contient 8^{pi}. Au lieu de mesurer les deux bases, le cordeur mesure, pour abréger, l'arête AB du talus (P. III, F. 24); il en marque le milieu C, abaisse à vue une perpendiculaire CD sur la base inférieure BE et mesure DE: cette longueur divisée par 8 donne les cordes. Si, par exemple, DE=35^{pi} 8$^{p^3}$ ou 35^{pi} $\frac{3}{4}$, le nombre des cordes de la pile est $\frac{35}{8}+\frac{3}{4\times8}=4^c+\frac{3}{8}+\frac{3}{32}=4^c+\frac{1}{4}+\frac{7}{32}$.

Il est facile de voir que DE vaut la demi-somme des bases BE, AF; car si l'on prolonge AF jusqu'à la rencontre de CD, AG=BD, puisque AC=CB (64); donc FA+AG+ED=FA+DB+ED=FA+EB. Mais FA+AG ou FG=ED, ce sont des parallèles comprises entre parallèles; par conséquent ED+ED=FA+EB ou bien ED est la moitié de FA+EB.

Si la pile de bois se terminait par deux talus, il faudrait marquer aussi le milieu du talus de gauche, abaisser à vue une seconde perpendiculaire sur la grande base du trapèze et diviser par 8 l'intervalle des deux perpendiculaires.

218· *Cuber un tronc de prisme triangulaire et droit.*

Mesurez en mètres carrés la superficie de la base ABC (P. III, F. 25); mesurez en mètres A'A'', B'B'', C'C''; additionnez ces longueurs et prenez le tiers de la somme, pour connaître la moyenne. Vous aurez le volume du prisme en mètres cubes, si vous multipliez la superficie de la base, par la moyenne des trois arêtes parallèles.

Si le tronc de prisme était oblique, vous multiplieriez la base par la moyenne des 3 perpendiculaires abaissées de A'', B'', C'' sur le plan de cette base.

219. *Cuber un tronc de parallélipipède droit.*

Ce mesurage est analogue au précédent; il faut multiplier la superficie de la base ABCD (P. III, F. 26), par la moyenne des quatre arêtes parallèles A'A'', B'B'', 'C'C'', D'D''. Bien entendu que toutes les longueurs à prendre doivent être mesurées avec la même unité.

Si le tronc de parallélipipède était oblique, vous devriez multiplier la base, par la moyenne des 4 perpendiculaires abaissées de A'', B'', C'', D'' sur le plan de cette base.

On mesure aussi de la même manière, dans certains cas, le volume des prismes droits et complets: il est aisé de sentir en effet que multiplier la base par la hauteur ou par la moyenne des arêtes parallèles, c'est la même chose, puisque chacune de ces arêtes est égale à la hauteur.

PYRAMIDES.

220. La face d'où partent toutes les arêtes concourantes d'une pyramide est sa *base* ; cette base peut être un polygone quelconque ; mais les autres faces sont nécessairement des triangles.

Le point où se coupent toutes les arêtes concourantes est le *sommet* de la pyramide, et la perpendiculaire abaissée de ce sommet sur le plan de la base, est la *hauteur* du corps.

La pyramide est *complète* si elle contient le sommet ; elle est *tronquée* dans le cas contraire. La pyramide tronquée a deux bases, quand la troncature est parallèle à la face opposée.

On distingue les pyramides, comme les prismes, par les polygones de leur base : elles sont *triangulaires*, *quadrangulaires*, *pentagonales*, *hexagonales*, etc., selon qu'elles ont pour base un triangle, un quadrilatère, un pentagone ou un hexagone.

Une pyramide est *régulière* lorsqu'elle a pour base un polygone régulier et que son *axe*, c'est-à-dire la droite qui joint le sommet au centre de la base, est perpendiculaire sur le plan de cette base. Si ces deux conditions ne sont pas remplies à la fois, la pyramide est *irrégulière*.

221. *Dessiner une pyramide régulière et complète.*

Le plan comprend un polygone régulier ABCDEF semblable ou égal à celui de la base (P. III, F. 27) ; le centre S de ce polygone représente le sommet de la pyramide sur le plan horizontal, et les rayons SA, SB, etc., y représentent les arêtes concourantes.

Pour faire l'élévation, abaissez de S et de tous les sommets A, B, etc., du polygone, des perpendiculaires sur la ligne de terre ; prenez S'S″ égale à la hauteur ou à l'axe, et joignez le point S″ aux points A′, B′, etc. Si la droite AS est parallèle à YZ, la droite A′S″ donnera la longueur de chaque arête.

222. *Dessiner une pyramide irrégulière.*

Le plan comprend toujours un polygone ABCD égal ou semblable à la base (P III, F. 28). Si, à l'aide d'un fil à plomb, vous avez pris les distances horizontales du sommet de la pyramide à deux sommets B, D de la base, vous pourrez, avec ces longueurs, marquer le sommet vous pourrez, avec ces longueurs, marquer le sommet S sur le plan horizontal. Les droites AS, BS, CS, DS y représenteront les arêtes concourantes.

Pour faire l'élévation, abaissez de tous les points du plan, des perpendiculaires sur la ligne de terre; prenez S'S'' égale à la hauteur de la pyramide, et joignez le point S'' aux points A', B', C', D'. Les droites que vous tirerez ainsi représenteront les arêtes concourantes sur le plan vertical ; mais il est possible qu'aucune ne soit représentée dans sa vraie grandeur. Cependant, comme je vous l'ai annoncé, le dessin complet d'un corps peut toujours en donner exactement les différentes dimensions.

Voulez-vous, par exemple, avoir la vraie longueur de l'arête qui va de C au sommet? il suffira de porter sur la ligne de terre, de S' en E, la droite CS du plan, et de tirer S''E ; cette hypothénuse du triangle rectangle ES'S'' donnera la longueur cherchée. Pour les autres, vous agiriez d'une manière analogue.

223. *Dessiner un tronc de pyramide régulière, à bases parallèles.*

Le plan se compose de deux polygones réguliers, concentriques, égaux ou semblables aux bases, et de droites A *a*, B *b*, etc., (P. III, F. 29) qui joignent les sommets correspondans des polygones. Ces droites représentent les arêtes concourantes, sur le plan horizontal.

L'élévation doit offrir un trapèze dont les côtés parallèles soient éloignés l'un de l'autre autant que les bases du tronc de pyramide. On détermine ce trapèze en abaissant des perpendiculaires sur la ligne de terre, des points A, C jusqu'à cette droite, et des points *a*, *c*, jusqu'à la parallèle *a' c'*. Les droites A'*a'*, C'*c'* représentent alors 4 des arêtes concourantes sur le plan vertical. Par le même moyen, on trace la droite B'*b'* qui représente les deux autres. Le dessin n'a aucune ligne pointillée, attendu que toutes les lignes cachées de l'élévation se confondent avec des lignes vues ; par suite de la position donnée arbitrairement au tronc de pyramide.

Comparaison des pyramides.

224. Deux pyramides triangulaires sont égales, si leurs arêtes correspondantes ont même longueur, ou bien si trois faces de l'une sont égales à trois faces de l'autre. Alors, la première étant creuse pourrait contenir exactement la seconde.

Deux pyramides irrégulières quelconques sont égales, s'il y a égalité entre leurs bases et si trois arêtes concourantes qui se suivent ont dans l'une mêmes longueurs que leurs correspondantes dans l'autre.

Des pyramides dont les bases ont même superficie et dont les hauteurs sont égales, renferment le même volume.

225. Lorsque l'on coupe un prisme triangulaire en passant par le point D et par la droite BC (P. III, F. 22), on en détache une pyramide triangulaire qui a même hauteur E'H et même base ABC que le prisme. Si ensuite on coupe le polyèdre restant, en passant par le même point D et par la droite CE, on forme une seconde pyramide triangulaire qui, ayant son sommet au point C et pour base le triangle DEF, a aussi même hauteur et même base que le prisme. Ce qui reste alors est une 3e pyramide triangulaire qui équivaut à chacune des deux premières. Par conséquent, le volume d'un prisme triangulaire égale 3 fois celui d'une pyramide triangulaire qui aurait même base et même hauteur, ou bien le volume d'une pyramide triangulaire est le tiers de celui d'un prisme triangulaire de même base et de même hauteur.

Mesurage des pyramides.

226. Il est possible qu'on ait besoin de connaître la superficie totale de toutes les faces d'une pyramide.

Rien n'est plus facile que de trouver cette superficie ou surface (79) : l'opération consiste à mesurer successivement la base et chaque face triangulaire, et à faire la somme de toutes leurs superficies. Il en est de même du calcul de la surface de tout autre corps à faces planes.

227. *Cuber une pyramide triangulaire.*

Mesurez la base en mètres carrés, par exemple, et la hauteur en mètres; puis faites le produit des deux nombres trouvés; vous aurez en mètres cubes le volume d'un prisme triangulaire de même base et de même hauteur que la pyramide (216). Or, d'après le n° 225 le volume cherché est le tiers de celui-là; il faut donc, pour cuber une pyramide triangulaire, prendre le tiers du produit de la superficie de la base multipliée par la hauteur.

228. *Cuber une pyramide quelconque.*

Si vous coupiez la pyramide de la figure 27 (P. III) en passant par le sommet S″ et successivement par les diagonales AD, BE, CF de la base, vous la diviseriez en six pyramides triangulaires qui auraient même hauteur S″S que la pyramide hexagonale, et pour bases les triangles ABS, BSC, etc., et la somme des volumes de ces six pyramides donnerait le volume demandé. Or chacun est égal au tiers du produit d'un des triangles ABS, BSC, etc., multiplié par la hauteur commune $S''S'$; leur somme est donc le tiers du produit de la somme des triangles multipliée par $S''S'$, et comme la somme des triangles ABS, BSC, etc., forme la base de la pyramide donnée; il est clair que le volume de cette pyramide est égal, comme celui d'une pyramide triangulaire, au tiers du produit de la superficie de la base multipliée par la hauteur.

Si donc B représente la superficie de la base d'une pyramide quelconque, et H la hauteur, le volume sera exprimé par $\frac{B \times H}{3}$. Supposez que $B = 12^{mm}$ et que $H = 2^m, 15$, cette formule vous donnera pour le volume de la pyramide, $\frac{12^{mm} \times 2^m, 15}{3} = \frac{25^{mc}, 80}{3} = 8^{mc}, 60$.

Il suit évidemment de ce mesurage, que deux pyramides dont les bases sont de même superficie, se contiennent comme leurs hauteurs, et que deux pyramides de même hauteur se contiennent comme les superficies de leurs bases. Ainsi, dans ces cas, il n'est pas nécessaire de cuber les pyramides pour les comparer; il suffit de comparer les hauteurs, si les bases sont équivalentes, ou les bases, si les hauteurs sont égales.

229. *Cuber un tronc de pyramide à bases parallèles.*

Mesurez la grande base ABCDEF en mètres carrés, par exemple (P. III, F. 29); mesurez de même la petite base *abcdef*; multipliez ces deux superficies l'une par l'autre; extrayez la racine quarrée du produit; additionnez cette racine et les deux superficies; multipliez la somme par la hauteur $a'G$ du tronc mesurée en mètres, et prenez le tiers du produit; vous aurez en mètres cubes le volume demandé.

Supposez que la grande base contienne 27^{mm}, la petite base 3^{mm} et la hauteur $a'G$, 5^m. Vous ferez le calcul comme il suit : $27 \times 3 = 81$; la racine de 81 est 9; $27^{mm} + 3^{mm} + 9^{mm} = 39^{mm}$; $39^{mm} \times 5^m = 195^{mc}$; $\frac{195^{mc}}{3} = 65$ mètres cubes, volume du tronc de pyramide.

CORPS RONDS.

Les corps ronds dont nous allons nous occuper sont ceux que déjà vous savez dessiner et dont vous avez appris pré-

cédemment à mesurer les surfaces. Reste donc à vous enseigner les moyens d'en comparer et d'en mesurer les
volumes.

Comparaison et mesurage des corps ronds.

230. Il résulte du n° 172 que le cylindre est un prisme
dont les faces latérales sont extrêmement nombreuses et
extrêmement étroites. On peut donc dire de deux cylindres comme de deux prismes , qu'ils se contiennent autant
de fois que leurs bases , s'ils ont même hauteur , ou autant
de fois que leurs hauteurs , si leurs bases sont équivalentes.

Ce principe est encore applicable aux cônes ; car il l'est
aux pyramides (228) , et le cône est au fond une pyramide dont les faces triangulaires ont des bases extrêmement petites (181).

231. *Cuber un cylindre quelconque.*

Il faut multiplier la superficie de la base par la hauteur ,
après avoir mesuré les longueurs nécessaires avec la même
unité ; car tel est le mesurage d'un prisme.

Si donc R est le rayon d'un cylindre circulaire et H la
hauteur , le volume sera donné par la formule $R \times R \times 3,1416 \times H$, puisque (156) la superficie de la base est
alors $R \times R \times 3,1416$.

Pour employer le diamètre , on se servirait de la for-
mule $\dfrac{D \times D \times 3,1416 \times H}{4}$ qui revient visiblement à la précédente.

Les mesures de capacité pour les matières sèches et
pour le lait, sont des cylindres creux dont la hauteur égale
le diamètre , et ce diamètre est , pour le décalitre , par
exemple, de $0^m,2335$. Il est facile de reconnaître qu'en effet
cette dimension est juste à fort peu près , car la capacité
est alors le quart du cube de $0^m,2335$ multiplié par $3,1416$
ce qui donne 9 litres , plus $0,9913844975$.

Les mesures de capacité pour les liquides , l'huile et le
lait exceptés , sont des cylindres creux dont la hauteur est
double du diamètre ; celui du litre doit avoir $0^m,086$. En
effet , la capacité de la mesure égale la moitié du cube de
$0^m,086$ multiplié par $3,1416$, ce qui donne $0^{lit},9991167648$.

232. *Cuber un tronc de cylindre droit.*

Si le tronc est circulaire , multipliez la superficie de
la base par la distance A'A'' de son centre à celui de la
troncature (P. III , F. 11). Si le tronc n'est pas circu-

laire, multipliez la superficie de la base par la moyenne des droites de la surface courbe qui partent des extrémités des parallèles employées pour le mesurage de la base (173).

233. *Cuber un manchon cylindrique.*

Calculez le volume du grand cylindre dont le diamètre est BE (P. III , F. 12) et le volume du petit qui a FI pour diamètre ; puis retranchez ce dernier volume du premier ; la différence sera le volume de la paroi cylindrique du corps.

Un puits doit avoir $1^m,62$ de diamètre , 12^m de profondeur et des parois de $0^m,64$ d'épaisseur. Combien faudra-t-il de mètres cubes de pierres pour le construire ?

Le diamètre du grand cylindre sera $1^m,62+0^m,64\times2$ $=2^m,90$; il aura donc en volume $\dfrac{2^m,90\times2^m,90\times3,1416\times12^m}{4}$ $=79^{mc},263$. Le volume du vide ou petit cylindre sera $\dfrac{1^m,62\times1^m,62\times3,1416\times12^m}{4}=24^{mc},734$, et par conséquent la paroi du puits contiendra $79^{mc},263-24^m,734=54^{mc}529$.

234. *Cuber un cône quelconque.*

On doit prendre le tiers du produit de la superficie de la base, multipliée par la hauteur, car tel est le mesurage d'une pyramide (230).

Représentant par R le rayon d'un cône circulaire , et par H la hauteur, vous aurez donc $\dfrac{R\times R\times3,1416\times H}{3}$ pour la formule du volume. Le diamètre D vous donnerait $\dfrac{D\times D\times3,1416\times H}{12}$.

235. *Cuber un tronc de cône droit à bases parallèles.*

Opérez comme pour calculer le volume d'un tronc de pyramide (229) ; ou , ce qui revient au même , quand le tronc est circulaire , faites le produit des deux rayons et le quarré numérique de chacun ; additionnez ces trois nombres ; multipliez la somme par 3,1416 et ce produit par la hauteur A'A'' du tronc (P. III , F. 14) ; le tiers du résultat vous donnera le volume cherché.

Soit 3^m le grand rayon d'une cuve en tronc de cône , $2^m,75$ le petit, et $2^m,80$ la profondeur. On a pour le produit des rayons $2^m,75\times3^m=8^{mm},25$; pour le quarré du grand 9^{mm} ; pour le quarré du petit $2^m,75\times2^m,75=7^{mm},5625$; pour la somme de ces trois nombres $8^{mm},25+9^{mm}+7^{mm},5625=24^{mm},8125$; cette somme multipliée par 3,1416 donne $77^{mm},95095$; multipliant ce produit par la hauteur ou profondeur 2^m,80, on trouve 218me,26266, dont le tiers ou la capacité de la cuve est 72me,75422=727,54 hecto-litres (209).

Les arbres en grume, c'est-à-dire ceux qui dépouillés de leurs branches se trouvent prêts à être écarris, sont des troncs de cônes, lorsqu'ils sont bien droits. Cependant, on ne les cube pas comme il vient d'être enseigné, attendu que ce mesurage ferait payer l'écorce et l'aubier qui ne sont bons qu'à brûler. Pour connaître le nombre des décistères qui seront contenus dans la pièce de bois carré que fournira un arbre en grume, on mesure en mètres les circonférences des deux bouts de l'arbre, à l'aide d'une ficelle, et ordi-nairement on prend les $\frac{5}{48}$ de leur somme. Le résultat est l'écarissage ; il faut donc le multiplier par lui-même, mul-tiplier le quarré obtenu par la longueur de la pièce mesurée en mètres, et reculer la virgule d'un rang à droite (210).

L'artillerie emploie un mode de mesurage plus avanta-geux pour l'acheteur : au lieu de prendre les $\frac{5}{48}$ de la somme des circonférences extrêmes, elle n'en prend que le dixième ; l'écarissage qu'elle suppose est donc moindre que celui qui est usité entre particuliers : il en diffère d'une quantité égale à la 240e partie de la somme des circonfé-rences extrêmes.

236. *Cuber un manchon conique.*

Calculez le volume du grand tronc de cône et celui du petit ; puis retranchez ce dernier du premier. La différence sera le volume de la paroi tronc-conique.

237. *Cuber une sphère.*

Une sphère peut être considérée comme composée d'une infinité de pyramides dont les très-petites bases couvrent la surface courbe, qui ont le centre pour sommet commun et le rayon pour hauteur commune. Or, la somme de toutes ces pyramides est évidemment égale au tiers du produit que donne la somme de toutes les bases multipliée par la hau-teur commune (228) ; donc le volume d'une sphère vaut le tiers du produit de la surface multipliée par le rayon.

Comme une surface sphérique est donnée par la formule $D \times D \times 3,1416$, si D représente le diamètre, ou par la for-mule $R \times R \times 3,1416 \times 4$, si R représente le rayon, il est clair que la formule du volume doit être $\dfrac{R \times R \times R \times 3,1416 \times 4}{3}$ ou $\dfrac{D \times D \times D \times 3,1416}{6}$. Vous voyez donc que pour trouver le volume d'une sphère, il faut multiplier le cube du rayon par 3,1416 et prendre les $\frac{4}{3}$ du produit, ou multiplier le cube du diamètre par 3,1416 et prendre le sixième du produit.

Quand il s'agit de déterminer le volume d'une paroi sphérique, c'est-à-dire le volume de la matière d'une sphère creuse, on calcule celui de la sphère limitée par la surface courbe extérieure et celui de la sphère limitée par la surface courbe intérieure; la différence des deux résultats donne le volume de la paroi sphérique.

238. Il suit des formules qui donnent le volume d'un corps sphérique, que deux sphères se contiennent comme les cubes de leurs rayons ou comme les cubes de leurs diamètres.

Si, par exemple, une boule a 0^m,05 de diamètre et qu'une autre boule ait un diamètre de 0^m,15, celle-ci contiendra la première autant de fois que 3375 cube de 15 contient 125 cube de 5, c'est-à-dire 27 fois.

239. *Cuber une calotte sphérique.*

Calculez le volume du cylindre dont BD serait le diamètre et CE la hauteur (P. III, F. 17), puis le volume de la sphère dont CE serait le diamètre; ajoutez ce dernier volume à la moitié de celui du cylindre, et vous aurez pour somme le volume de la calotte dont CE est la hauteur.

240. *Cuber une zône sphérique.*

Calculez la superficie de la grande base dont FG est le diamètre (P. III, F. 17) et la superficie de la petite base dont BD est le diamètre; prenez la moitié de la somme de ces deux superficies; multipliez le résultat par la hauteur EH de la zône, et ajoutez au produit le volume de la sphère qui aurait EH pour diamètre. La somme sera le volume de la zône ou segment de sphère dont l'élévation est la figure BDFG.

241. *Cuber un anneau rond.*

Il faut multiplier la superficie du cercle dont A′A″ est le diamètre (P. III, F. 18), par la moyenne des deux circonférences du plan de l'anneau. Cela revient à multiplier la somme des rayons de ces deux circonférences par le quarré de la différence des mêmes rayons, à multiplier le produit par le quarré de 3,1416 et à prendre le quart du résultat.

Supposons, pour exemple, que la plus grande circonférence de l'anneau ait 0^m,33 de rayon, et que le plus

petit rayon du vide soit de $0^m,30$; la somme de ces rayons
est $0^m,63$; leur différence égale $0^m,03$; le quarré de cette
différence est $0^{mm},0009$; le quarré de $3,1416$ est $9,869$
65056 ; et l'on a $0^m,63 \times 0^{mm},0009 = 0^{mc},000567$, puis $0^{mc},$
$000567 \times 9,8696 5056 = 0^{mc},0055960918$ dont le quart est
de $0^{mc},001399023$ volume de l'anneau.

242. *Jauger un tonneau.*

Plongez un mètre divisé dans le tonneau, par la bonde,
de manière à prendre exactement le plus grand diamètre
intérieur, qu'on appelle diamètre du *bouge* ; doublez la
longueur trouvée ; ajoutez ce double au diamètre d'un des
fonds ; prenez le tiers de la somme ; faites le quarré numérique de ce tiers ; multipliez ce quarré par $3,1416$; et le
produit par la longueur de la capacité du tonneau. Le quart
du résultat sera cette capacité en mètres cubes qu'il vous
sera facile de convertir en litres ou en hectolitres (208).

Observez que pour avoir la longueur de la capacité du
tonneau, il faudrait mesurer une ligne droite perpendiculaire aux deux fonds et comprise entre les faces internes
de ces fonds. Comme on ne le peut pas, on mesure la perpendiculaire comprise entre les faces externes et l'on en retranche le double de l'épaisseur d'une douelle. Cette épaisseur varie de 18 à 24 millimètres.

Supposez qu'un tonneau ait pour diamètre du bouge
$0^m,625$, pour diamètre des fonds $0^m,553$, et pour longueur
interne $0^m,727$. En suivant ce qui vient d'être prescrit,
conformément à une instruction ministérielle de l'an 7,
vous trouverez que la capacité du tonneau est de $0^{mc},206241$
ou de $2,06241$ hectolitres.

Si vous calculiez la même capacité en la considérant
comme composée de deux troncs de cônes accolés par
leurs grandes bases (235), vous obtiendriez $0^{mc},198340$,
nombre dont la différence à $0^{mc},206241$ est $0^{mc},007901$.
Ainsi, l'erreur ne serait au plus que de 8 litres en
moins.

DESSIN ET MESURAGE DE CORPS QUELCONQUES.

243. La plupart des corps dont on peut avoir à faire
le dessin, à mesurer la surface ou le volume, se rapportent aux diverses formes que vous venez d'étudier. Vous
verrez aisément, par exemple, qu'un tombereau offre un
tronc de pyramide quadrangulaire dont les bases, c'est-à-
dire le devant et le derrière, peuvent être considérées
comme parallèles sans grande erreur. Une hotte en bois

propre au transport des liquides . doit être assimilée à un tronc de cône à bases parallèles , bien qu'elle ait une face latérale sensiblement plane. Tous les corps ronds , pleins ou creux , sont des cylindres , des cônes , des sphères , des anneaux , ou peuvent se décomposer en parties qui présentent ces formes , soit complètement , soit partiellement. Reste donc à vous enseigner comment on dessine et l'on mesure un corps qui ne ressemble à aucun de ceux dont nous nous sommes occupés.

Prenons pour exemple un tas de sable auquel nous supposerons $0^m,95$ de hauteur. Vous tracerez autour un rectangle ABCD (P. III , F. 30) , de manière que deux des côtés soient parallèles à la plus grande droite qui puisse être tirée dans la base ; puis à l'aide d'une mesure , d'un niveau de maçon et d'une règle placée verticalement sur AB , en des points E , F , G , H , I , vous mesurerez à $0^m,9$ du sol , les distances horizontales E1 , F1 , G1 , H1 , I1 , et vous les coterez sur un croquis pareil au plan de la figure 30. Portant ensuite la distance AE de D en E' , la distance EF de E' en F' , etc. , vous marquerez sur CD des point E' , F' , etc. qui correspondront à ceux de AB , et vous mesurerez à $0^m,9$ du sol , les distances horizontales F'1',G'1', etc.

Vous serez alors en état de rapporter sur le dessin au net , le contour 1.1.1...1'.1' qui résulterait d'une coupe faite dans le tas de sable , par un plan horizontal élevé de $0^m,9$ au-dessus du terrain. Il faudra pour cela construire , d'après une échelle , un rectangle ABCD qui ait même longueur et même largeur que celui du sol , et dont les grands côtés soient parallèles à la ligne de terre YZ ; tracer les droites EE' , FF' , etc. , conformément aux cotes du croquis ; y porter les distances E1 , F1 , F'1' , etc. , et joindre par une courbe les points 1 , 1....1' , etc. qui en résulteront.

Opérant à $0^m,6$ du sol , comme vous venez d'opérer à $0^m,9$, et plaçant la règle aux points K , E , F .... L , vous mesurerez les distances horizontales K2 , E2 ... L2 , I'2' , etc. ; puis à l'aide du croquis , vous tracerez sur le plan le contour 2.2.....2.2'...

Répétez les mêmes opérations à $0^m,3$ de terre pour obtenir le contour 3 , et sur le sol même pour le contour 4 de la base , vous aurez le plan du tas de sable. Ce plan est ici , comme vous voyez , l'ensemble des contours donnés par des plans horizontaux espacés de $0^m,3$; mais on peut les prendre plus ou moins écartés : leur distance est tout-à-fait arbitraire, comme celle des points E, F, des points F, G, etc.

L'élévation résulte du plan. Tracez à des intervalles de o^m,3 autant de parallèles à la ligne de terre, que vous avez *levé* de contours et coupez-les par les prolongemens des parallèles à AD. Les droites E'E, I'I vous donneront par leurs rencontres avec la parallèle située à o^m,9 de YZ, l'élévation *ab* du contour 1 ; les droites K'K, L'L formeront en coupant la parallèle située à o^m,6 de YZ, l'élévation *cd* du contour 2 ; l'élévation *ef* du contour 3 sera produite par les droites M'M, N'N ; enfin *gh* qui représente la base du tas, sur le plan vertical, aura pour extrémités les intersections de O'O, P'P avec la ligne de terre. Si donc vous supposez que le point le plus élevé du corps se trouve dans le même plan vertical que G et G', vous achevrez l'élévation en portant o^m,o5 de *i* en *k* et en joignant par une courbe les points, *g, e, c, a, k, b, d, f, h.*

C'est ainsi que se fait le dessin complet de l'extérieur de tout corps plein ou creux dont la forme ne peut être désignée par un terme géométrique. Pour dessiner l'intérieur d'un corps creux, vous marqueriez sur les bords les points 4,4 d'une droite QR, et plaçant la règle dans l'alignement de ces points, vous mesureriez les distances horizontales du plan vertical QR aux divers points de chaque contour de niveau. Sur le plan, la droite QR serait une parallèle à la ligne de terre, et le reste se ferait comme dans le cas précédent.

244. Rien de plus facile que de cuber un corps quelconque dont on a un dessin complet analogue à celui de la figure 30 (P. III) ; ce corps se trouvant divisé en prismes droits, tronqués, rectangles ou triangulaires, il ne s'agit que de calculer le volume de chaque prisme (218 et 219) et de faire la somme de tous les résultats.

Transportez par la pensée, l'élévation *gakbh* dans le plan vertical QR, en plaçant la ligne de terre sur la droite QR : vous verrez aisément que le rectangle *lmno*, par exemple, est la base d'un prisme rectangle et tronqué dont les arêtes parallèles ont pour longueurs o'4, n'4, o'3, n'3. La troncature est une petite face courbe dont le plan est la figure 3.3.4.4 formée par les extrémités des arêtes parallèles ; et vous pouvez la considérer comme une face plane, sans grande erreur, si les points o', n' sont peu écartés, si leur distance n'est que de o^m,3 comme celle des plans qui donnent les courbes 4, 3 ou qui forment la face supérieure et la face inférieure du prisme rectangle. Le volume de ce prisme sera donc le produit de la superficie du rectangle *lmno* multipliée par la moyenne des quatre longueurs $o'3$, $n'3$, $o'4$, $n'4$ exactement données par le plan.

Le rectangle *epqr* est la base d'un prisme rectangle et tronqué qui n'a que trois arêtes parallèles $q'3$, $q'4$, $r'4$: la 4e est nulle, puisque la courbe 3 aboutit au point r', et la troncature est la petite face courbe $r'3.4.4$ qui peut aussi être regardée comme plane. Le volume de ce prisme est donc le produit de la superficie du rectangle *epqr*, multipliée par la moyenne des quatre longueurs, $q'3$, $q'4$, $r'4$ et zéro, ou par le quart de $q'3+q'4+r'4$.

Le triangle *egr* est la base d'un prisme triangulaire droit et tronqué dont les trois arêtes parallèles se réduisent à une seule $r'4$; de sorte que ce prisme est au fond une pyramide triangulaire et droite dont la hauteur est $r'4$. Or, que vous considériez cette partie du corps comme prisme tronqué ou comme pyramide, vous trouverez toujours le même volume : comme pyramide, son volume égale la superficie de la base triangulaire *egr* multipliée par le tiers de la hauteur $r'4$; comme prisme tronqué, son volume égale la même superficie multipliée par la moyenne des trois arêtes parallèles $r'4$, zéro et zéro ou par le tiers de $r'4$.

Les prismes qui ont pour bases les triangles *cep*, *ast*, *buv*, *bdx*, etc., sont dans le même cas que le précédent.

Le prisme dont la base est *dxyz* et tous ceux qui lui ressemblent, doivent être traités comme le prisme dont la base est *epqr*.

Enfin, les prismes qui ont pour bases les rectangles *kiuv*, *kist* n'ont chacun que deux arêtes parallèles : $o'1$, $n'1$ pour le 1er, $o'1$, $s'1$ pour le 2e. Les troncatures sont les petites faces courbes représentées sur le plan par les figure $n'o'1.1$, $o's'1.1$. Pour avoir le volume de chacun, il faut en multiplier la base par le quart de la somme des deux arêtes parallèles.

Après avoir cubé tous les prismes rectangles situés en avant du plan vertical QR, on cube de la même manière ceux qui se trouvent en arrière. La somme de tous les volumes obtenus est le volume du corps.

Lorsqu'on applique cette méthode à un polyèdre, il peut se faire que quelques uns des prismes rectangles soient complets; mais on n'a pas besoin de les distinguer des autres : la remarque qui termine le n° 219 fait voir que les volumes des diverses parties prismatiques du corps, peuvent se calculer comme si ces parties étaient toutes des prismes rectangles tronqués.

MESURAGE DES POIDS.

245. Il existe des corps d'un tel poids qu'on ne saurait les peser ni avec des balances, ni avec une romaine. La mesure des poids est, en pareils cas, du ressort de la Géométrie. On cube le corps et l'on multiplie par le volume, le poids de l'unité; le produit exprime évidemment le poids entier.

Ce mode d'évaluation des poids nécessite, comme vous voyez, la connaissance de ce que pèse l'unité de volume du corps donné. Or, on sait que le kilogramme est le poids d'un décimètre cube d'eau pure; si donc on savait aussi combien de fois le poids d'un corps contient le poids d'un même volume d'eau pure, ce nombre de fois exprimerait en kilogrammes le poids d'un décimètre cube de ce corps.

Le poids d'un décimètre cube est ce qu'on nomme le *poids spécifique* du corps, c'est-à-dire le poids qui le *spécifie*, qui le caractérise, qui le distingue des autres. Une masse de plomb peut peser 50 kilogrammes, comme une masse de bois ou de houille ou de fer; mais le plomb est le seul corps dont le décimètre cube pèse 11^{kil},3523.

Les poids spécifiques des corps les plus importans, ont été déterminés avec une grande précision. Voici ceux qu'il vous est utile de connaître; quelques uns ne sont qu'approximatifs; mais leur degré d'exactitude est suffisant pour la pratique.

	kil.		kil.		kil.
Acier.......	7,67	Glace d'eau..	0,93	Pommier	0,793
Air........	0,0013	Hêtre......	0,852	Prunier......	0,785
Argent......	10,7	Houille	1,3292	Sable pur....	1,9
Bois d'aune..	0,8	Huile de lin..	0,94	Sable terreux.	1,7
Beurre......	0,942	Huile de nav.	0,919	Sapin.......	0,55
Brique......	2,168	Lard........	0,948	Saule.......	0,685
Cerisier.....	0,715	Meules (moul).	2,484	Sel marin....	1,92
Chêne (cœur).	1,17	Noyer.......	0,671	Suif........	0,942
Cire jaune...	0,965	Or fondu....	19,2581	Terre argileuse	1,6
Cuivre rouge	8,788	Orme.......	0,671	Terre-glaise..	1,9
Eau-de-vie...	0,86	Peuplier blanc	0,529	Terre végétale.	1,4
Esprit de vin.	0,837	Peupl. ordin.	0,383	Tilleul......	0,604
Etain.......	7,2914	Pierre à bâtir.	2,08	Tuile........	2
Fer en barre.	7,788	Pierre à plâtre.	2,2168	Vapeur d'eau.	0,0008
Fonte de fer..	7,207	Plomb fondu.	11,3523	Vin (bon)...	0,99
Frêne.......	0,845	Poirier......	0,661	Zinc........	7,191

246. Pour vous apprendre l'usage de ce tableau, supposons qu'il faille déterminer le poids d'un mètre cube de bon sable. Vous multiplierez $1^k,9$ poids spécifique du sable pur, par 1000, attendu que le mètre cube contient 1000 décimètres cubes, et le produit 1900^{kil} sera le poids cherché.

Si l'on avait à trouver le poids de $35^{mc},45$ du même sable, il faudrait d'abord convertir ce volume en décimètres cubes, ce qui donnerait $35\,450^{dc}$, et le multiplier ensuite par $1^k,9$ poids d'un seul décimètre cube. On aurait ainsi $67\,355^k$.

S'agit-il de connaître, sans peser, le poids d'une pièce de bois carré, essence de chêne, qui porte $0^m,6$ sur 14^m? Vous calculez le volume du prisme en décimètres cubes (206) et vous trouvez $0^m,6 \times 0^m,6 \times 14^m = 5^{mc},04 = 5040^{dc}$; puis vous multipliez par ce dernier nombre, le poids spécifique $1^k,17$, ce qui vous donne $5896^k,8$.

Vous trouveriez d'une manière analogue, le poids d'un essieu de fer : le poids spécifique du fer en barre devrait être multiplié par le volume de l'essieu calculé en décimètres cubes. Pour avoir ce volume, vous observeriez que le corps de l'essieu est un prisme rectangle et que les fusées sont deux troncs de cône égaux.

LEVER D'UN BATIMENT

247. Tous les corps que vous venez d'apprendre à dessiner étaient supposés isolés ; mais bien souvent on est obligé de faire le dessin complet de l'ensemble de plusieurs corps. Le procédé à suivre alors est au fond le même que celui qui a été employé pour lever le plan d'un terrain (153). Afin de vous montrer comment on doit l'appliquer, nous supposerons qu'il s'agisse de représenter un bâtiment et toutes ses dépendances. Ce bâtiment sera, par exemple, à-peu-près la nouvelle maison d'école de Volmerange-lès-OEutrange (P. III).

Il est clair d'abord que si la distribution intérieure n'est pas la même aux divers étages, le dessin doit présenter le plan de chacun, pour faire bien connaître le bâtiment. Vous aurez donc à lever successivement le plan des caves, celui du rez-de-chaussée et celui de l'étage. Le plan du grenier ne se fait que dans le cas où cette partie se trouve divisée par des cloisons.

Plan des caves : Ce plan est aussi celui des fondations de la partie principale du bâtiment. Vous pourrez en faire le croquis complet , bien qu'il soit impossible de parcourir tout l'intérieur qui n'est pas entièrement évidé. Il suffira de tracer à vue un quadrilatère ABCD (F. 32) à-peu-près semblable au quadrilatère EFGH (F. 33) que les murs du bâtiment principal forment sur le sol.

Le plan des caves est censé passer par l'horizontale qui forme l'arête inférieure de l'orifice d'un soupirail. Il coupe tous les murs à cette hauteur. Vous prendrez aisément l'épaisseur de ces murs , en introduisant horizontalement une mesure dans un des soupiraux. Vous la coterez sur le croquis , comme vous avez côté la largeur de la route dans la figure 54 (P. II). Cotez aussi la largeur tant extérieure qu'intérieure des soupiraux i, les quatre côtés et au moins une diagonale de chaque cave I et de chaque caveau K , la largeur des portes de communication k, l'épaisseur des murs de séparation , la longueur et la largeur d'une marche d'escalier , enfin la longueur horizontale de tout l'escalier. S'il y a des marches triangulaires , comme dans la figure 32 , vous prendrez la largeur de chacune le long du mur. S'il y en avait qui eussent la forme de trapèzes , vous coteriez la largeur de chaque bout.

La petitesse de l'échelle , qui ne donne que $0^m,0025$ par mètre , pour les plans , n'a pas permis d'inscrire toutes les cotes ; mais celles que présentent les figures suffisent pour montrer comment elles doivent être écrites.

Les diverses dimensions qui viennent d'être indiquées , vous suffisent pour faire au net, par triangles, le plan des caves. Quelle que soit la forme du quadrilatère ABCD , vous l'obtiendrez exactement en prolongeant les côtés des triangles I et en prenant AD égal à EF , BC égal à GH. Les murs coupés doivent être couverts de hachures , ou coloriés en rouge ; on met aussi des hachures ou une bordure rouge le long des murs qui soutiennent les massifs de terre T et dont on n'a pu prendre les épaisseurs.

Plan du rez-de-chaussée : Supposez que tous les murs soient coupés par le dessus des tablettes des fenêtres inférieures étendu convenablement, et dessinez la figure qui doit en résulter, vous aurez le plan du rez-de-chaussée. Pour en faire le croquis , il faut diviser le rectangle EFGH (F. 33) à-peu-près comme il est divisé en réalité ; mesurer les côtés et une diagonale de chaque pièce, la largeur, la saillie et la profondeur des cheminées l et des niches m, la largeur tant extérieure qu'intérieure des fenêtres a et des portes d'entrée b , la largeur des portes de communication c, la longueur et la largeur du four L, l'épaisseur des murs et des cloisons. Les dimensions des escaliers M se prennent comme il a été dit pour ceux des caves.

Observez que la cheminée de la cuisine O étant *en hotte*, a le même plan qu'un tronc de pyramide quadrangulaire oblique dont deux faces sont verticales.

Au plan des appartemens s'ajoute celui des jardins, des cours et de tout ce qu'elles renferment : bûchers, écuries, latrines P ; il est plus élevé que le précédent, car c'est l'arête horizontale inférieure N d'une des fenêtres du bûcher (F. 38) qui en détermine la hauteur. Le croquis se fait toutefois comme le précédent : il doit présenter les cotes des quatres côtés et d'une diagonale de chaque quadrilatère ; celles de l'épaisseur des murs, de la largeur des portes, des fenêtres, des allées *e* et des plates-bandes *f* des jardins ; enfin celles de la longueur et de la largeur des deux marches d'escalier *d* placées devant les deux portes d'entrée des appartemens.

Les murs de clôture QRS n'ont pas la même épaisseur que les autres. On la détermine en retranchant de la longueur FQ, la largeur de la cour.

Vous aurez soin, en dessinant le plan au net, de faire les fenêtres *a* comme les représentent la figure 34. Leur plan se compose d'un rectangle et d'un trapèze : les grands côtés du rectangle égalent la largeur extérieure ; les petits côtés, qu'il faut mesurer et coter, égalent l'épaisseur de la partie du mur, ordinairement en pierres de taille, qui forme cet encadrement dont la croisée est précédée. La grande base du trapèze égale la largeur intérieure des fenêtres, et la petite base excède un peu la largeur extérieure, de manière à laisser de chaque côté une petite feuillure où se loge le châssis des croisées.

Le plan d'une porte d'entrée se fait exactement comme celui d'une fenêtre, si ce n'est que les grands côtés du rectangle et la grande base du trapèze n'y sont point tracés : effectivement, ces arêtes n'existant point sur le seuil d'une porte, ne doivent pas paraître dans un plan, car on y représente seulement les objets coupés et ceux qui se trouvent moins élevés que les tablettes des fenêtres, à l'exception pourtant des escaliers : les escaliers M qui servent à monter au 1er étage, sont figurés entièrement sur le plan du rez-de-chaussée ; ceux qui vont au 2e étage, ont toutes leurs marches tracées sur le plan du premier, et ainsi des autres.

Plan de l'étage : Le croquis de chaque étage se fait absolument comme celui du rez-de-chaussée. On y figure et l'on y cote de plus les saillies *g* des corps de cheminées (F. 35); et sur le plan au net, on indique en outre dans l'épaisseur des murs, ceux de ces corps qui ne sont pas apparens. Vous voyez, par exemple, en *m* la cheminée commune aux niches *m* du rez-de-chaussée : ses distances au mur de devant et au mur de refend *n* sont évidemment égales à celles des niches aux mêmes murs.

Coupes verticales : Des plans et une élévation ne suffisent pas pour rendre complet le dessin d'un bâtiment : l'élévation donne bien les hauteurs de toutes les parties extérieures ; mais elle n'indique jamais celles des parties intérieures. Il serait possible, à la vérité, d'y figurer quelques unes de ces parties par des lignes pointillées ; mais outre que ce moyen compliquerait et gâterait l'élévation, il serait insuffisant, attendu que les lignes de certains objets couvriraient celles de quelques autres.

Pour éviter cet inconvénient, on fait une ou plusieurs *coupes verticales*, c'est-à-dire qu'on suppose enlevée toute la partie du bâtiment située à droite du plan vertical dont la ligne de terre est YZ, par exemple (F. 33), et qu'on dessine tout ce qui est alors visible de la partie située à gauche. Ainsi, la coupe verticale qu'offre la figure 36, représente, sur une échelle double, la face verticale *a* de la fenêtre Z du rez-de-chaussée, la face verticale *h* de la fenêtre située au-dessus à l'étage, les saillies *o* des tablettes de ces fenêtres et les consoles qui les soutiennent, le soubassement *p* du mur de face, la niche *m* de la salle des garçons, le profil du mur de refend *n*, l'élévation L du four, l'élévation O de la cheminée en hotte, le profil du mur EH, celui du plancher *q*, le corps *g* de la cheminée de la cuisine, enfin le profil du plancher *r* et celui d'une ferme de charpente.

La face verticale *a* de la fenêtre se compose, comme le plan, d'un rectangle et d'un trapèze ; seulement le trapèze n'y est pas symétrique comme celui de la figure 34. On cote la hauteur du rectangle, les bases du trapèze, les saillies des tablettes et du soubassement.

La ligne de terre *yz* de l'intérieur n'est pas la même que celle de l'extérieur, puisqu'il faut monter deux marches *d* pour pénétrer dans le rez-de-chaussée. On cote la différence de niveau qui se trouve entre *yz* et YZ ; elle égale la somme des hauteurs des deux marches.

· La droite *s* représente l'arête verticale du massif du four ou une face intérieure de la cheminée O, tandis que la droite *t* représente la face extérieure qu'on voit au-dessus du four L ; ces deux droites doivent donc être écartées d'une quantité égale à l'épaisseur d'un mur de cheminée. La position de la droite *t* est donnée par sa distance au mur de refend *n*.

Pour coter l'épaisseur des planchers, il faut retrancher de la distance *oo* des tablettes des deux fenêtres *a*, *h*, la distance de la tablette de *a* au plancher *q* et la distance de la face supérieure du même plancher à la tablette de *h*.

La ferme de charpente représentée par la coupe, est posée sur le mur de séparation auquel se trouve adossée la cheminée de la cuisine ; par conséquent, les pannes *u*, placées horizontalement sous les chevrons, sont seules coupées : le plan vertical YZ ne rencontre point les tasseaux *v* fixés sur les arbalêtriers 1 pour empêcher les pannes de glisser, ni ces arbalêtriers, ni le poinçon 2, ni les jambettes 3 mises au-dessous des pannes pour empêcher la flexion du toit ; mais la coupe rencontre les deux lattis 4 dont l'épaisseur égale celle des lattes et des tuiles, et en conséquence ce lattis doit être couvert de hachures, comme les pannes, les planchers, les profils des murs et même le sol situé au-dessous de *yz*.

Il est clair que pour être en état de dessiner exactement tout le système d'une ferme, il faut mesurer, et coter sur le croquis de la coupe, les largeurs, les longueurs de la plupart des différentes pièces qui le composent, et les distances qu'elles laissent entre elles. On prend, par exemple la hauteur totale du poinçon 2, les trois côtés du triangle rectangle formé par ce poinçon un arbalêtrier 1 et le plancher *r*, la distance d'une jambette 3 au poinçon, et l'épaisseur d'une panne *u* qui donne l'intervalle compris entre l'arbalêtrier et le chevron.

L'étendue de la planche n'a pas permis de faire plus d'une coupe ; il en faudrait pourtant une seconde au moins. Elle serait faite sur une droite perpendiculaire à YZ (F. 33), de manière qu'elle passât à travers les escaliers M et dans les deux portes d'entrée *b*. Ce serait sur cette coupe que se trouveraient cotées les hauteurs des portes, celles des marches des escaliers de cave, de rez-de-chaussée et d'étage, la hauteur intérieure du four L et l'épaisseur de ses parois. Les étudians trouveront un exercice fort utile dans la construction d'un tel dessin.

Ils devront exécuter aussi celui d'une coupe faite sur la parallèle à GH qui passe par la porte des latrines P et par l'une des fenêtres du bûcher. La figure 37 montre la partie supérieure de cette coupe, sur une échelle double de celle du plan. On y voit la fenêtre du grenier à fourrage, situé au-dessus de l'écurie et du bûcher, le profil des deux murs, celui du plancher et celui des deux lattis du toit. La ferme de charpente présente seulement un poinçon et deux chevrons.

Élévation. C'est ordinairement la façade principale qu'on dessine sur l'élévation d'un bâtiment. Il n'est pas indispensable d'en faire le croquis ; car les plans et les coupes donnent toutes les cotes dont on peut avoir besoin pour construire au net le dessin de la figure 38 : les longueurs horizontales de ce dessin se prennent sur les plans parallèlement au mur FG de la façade principale ; toutes les longueurs verticales sont fournies par les coupes, quand elles sont bien faites. Mais observez qu'ici l'échelle de l'élévation est double de celle des plans, comme celle des coupes. Il en est presque toujours ainsi, lorsque le plan est beaucoup plus étendu que les autres parties du dessin complet d'un bâtiment.

Pour éviter de faire un détail fastidieux de toutes les figures de l'élévation, on a désigné les principales par les mêmes lettres qui les indiquent sur les plans et les coupes. Il vous sera très-facile de reconnaître les autres et de trouver les moyens de leur donner la place qu'elles doivent occuper.

Vous voyez que le toit 4 dépasse les arêtes des murs EF, GH ; sa saillie égale la moitié de celle qu'il a sur la coupe 36. Les figures Q de l'élévation sont les coupes des murs de clôture QR : pour joindre à la façade du bâtiment principal, celles des deux bûchers, on a supposé enlevés les murs QF des deux cours et les latrines qui s'y trouvent adossées. Enfin, les petits rectangles que vous appercevez au-dessus des fenêtres de chaque grenier à fourrage, sont les bouts des chevrons du toit ; leur hauteur verticale, à peu près égale à leur largeur, est donnée par la coupe 37. Il n'y a pas de pareils rectangles au-dessus des fenêtres de l'étage, parce que les chevrons du toit du bâtiment principal sont taillés en biseau et ne descendent même pas jusqu'au bord de la saillie : c'est une large planche qui l'achève.

ADDITION A LA FIN DU N° 173, PAGE 116.

Au lieu de former deux pointes, comme dans la figure 10, la courbe peut être arrondie aux deux bouts, comme dans la figure 31. Il faudrait alors partager AB en parties fort petites, pour que tous les arcs de la courbe pussent être regardés, sans grande erreur, comme des droites. Afin d'abréger le mesurage, vous tracerez, dans ce cas, deux perpendiculaires qui retranchent les parties les plus arrondies des bouts; vous diviserez leur écartement CD en parties égales, pour tracer d'autres perpendiculaires comme précédemment; vous formerez à vue 4 petits triangles tels que EFG qui soient sensiblement équivalens aux parties retranchées telles que ACG; puis, additionnant la moitié de FH et la moitié de IK avec les longueurs entières de toutes les autres parallèles, et multipliant la somme par un des intervalles, vous obtiendrez à très-peu près la superficie renfermée dans la courbe.

Remarquez que dans le cas où une superficie à limites courbes se termine comme celle de la figure 31 et celle de la figure 64 (P. II) par des trapèzes, il faut n'additionner que les moitiés des parallèles extrêmes avec les longueurs entières des autres; tandis que si la superficie est terminée par des triangles, comme dans la fig. 10 (P. III), on additionne les longueurs totales des deux parallèles extrêmes avec celles des autres. Si la superficie finissait à droite par un triangle et à gauche par un trapèze, vous devriez prendre toute la dernière parallèle de droite et seulement la moitié de celle de gauche.

Le partage de AB (F. 10) ou de CD (F. 31) en parties égales peut être évité. Pour cela, on porte à partir de C une longueur arbitraire CL un certain nombre de fois, 4 par exemple, ce qui fait arriver au point M. On opère ensuite comme il vient d'être dit, pour la partie de la figure comprise entre les parallèles C, M; puis on mesure à part le trapèze ou le triangle dont la hauteur MD est moindre que CL, et l'on en ajoute la superficie à celle qui est déjà calculée.

Il est clair que ces procédés s'appliquent à l'arpentage des champs, aussi bien qu'au mesurage de la base d'un cylindre oblong.

Avis sur le Résumé.

Ce qu'il y a de plus difficile dans l'étude d'une science, c'est de se familiariser avec les termes nouveaux qu'on y emploie. Faute de se bien rappeler ces termes et leurs valeurs, on a de la peine à suivre la description d'un tracé, à retenir la série des opérations qui conduisent au résultat, et l'on éprouve plus de difficulté encore à comprendre les explications et les raisonnemens. Cependant, l'habitude du langage géométrique ne suffit point pour qu'on soit en état de sentir la justesse d'une démonstration, ou de faire des applications sans commettre de graves erreurs : les principes doivent être tout aussi présens à l'esprit que les termes.

Nous croyons donc faire une chose extrèmement utile aux étudians, en terminant ce livre par un *résumé* succinct des définitions et des principes les plus importans. Ce résumé est en quelque sorte l'abrégé de la science ; tout ce qu'il renferme est du ressort de la mémoire et doit lui être confié. Nous croyons même que le seul moyen d'obtenir des succès rapides et soutenus dans l'enseignement de la Géométrie, c'est de faire apprendre par cœur, après chaque leçon, la partie du résumé qui s'y rapporte, et d'exiger, avant de commencer la leçon suivante, une récitation exacte de toutes les définitions et de tous les principes précédemment appris.

Lorsque la tâche devient trop grande, l'instituteur peut se borner à faire réciter ce qui concerne les *cercles*, par exemple ; le lendemain, il demandera le résumé du chapitre des *angles* ; le surlendemain, la *comparaison des droites*. L'essentiel est d'obtenir que les élèves répètent imperturbablement chaque chapitre du résumé, d'empêcher qu'ils n'en oublient aucun article, et de s'assurer, en leur faisant tracer rapidement des figures, qu'ils comprennent ce qu'ils récitent.

Pour éviter de grossir le livre inutilement, nous avons cherché à faire du résumé une espèce de *table des matières :* à droite sont les numéros des pages et à gauche les numéros des articles où se trouvent, soit les définitions, soit les principes.

RÉSUMÉ.

Nᵒˢ.   Pag.

On appelle *corps* tout ce qui peut être touché; un corps a des faces et des arêtes ou lignes. 5

1. La *ligne droite* est le plus court chemin pour aller d'un point à un autre.

Cercles.

4. Le *cercle* ou *circonférence* est le lieu où se trouvent tous les points situés à la même distance de son centre. . 11

5. Un *rayon* est une droite qui va du centre à la circonférence. Tous les rayons d'un cercle sont égaux.
Une *corde* est une droite qui joint deux points de la circonférence.
Un *diamètre* est une corde qui passe par le centre.
Le diamètre vaut 2 rayons, et tous les diamètres sont égaux. 1

8. Les longueurs des circonférences se contiennent comme les rayons ou comme les diamètres.

13. Un *arc* est une partie quelconque de la circonférence. . 13
Un arc en contient un autre de même rayon autant de fois qu'il peut en recevoir la corde.

14. Deux arcs égaux et de même rayon ont des cordes égales. 14
Un arc double d'un autre n'a pas une corde double.

17. Tout diamètre partage la circonférence en deux arcs égaux. 15

18. La longueur d'une circonférence égale celle de son diamètre multipliée par 3,1416.

21. Le diamètre égale la circonférence divisée par 3,1416. . 19

Angles.

22. L'*angle* est l'espace illimité compris entre deux droites qui se rencontrent. 20

24. L'*indication* d'un angle est l'arc décrit du sommet entre les côtés. 22

25. Les angles se contiennent comme leurs arcs d'indication de même rayon.

27. Deux *angles opposés par le sommet* sont formés par deux droites qui se croisent; ils sont égaux. 23

28. L'*angle droit* a pour indication le quart de la circonférence.

30. Tous les angles qui peuvent être faits autour d'un point, valent en somme quatre angles droits. 24
Tous les angles de même sommet qui peuvent être faits du même côté d'une droite, valent en somme deux angles droits.
L'*angle aigu* est moindre qu'un angle droit.
L'*angle obtus* est plus grand qu'un angle droit.

31. L'*angle inscrit* a son sommet sur la circonférence, et ses côtés sont des cordes.

N^{os}.

Pag.

31. L'indication de l'angle inscrit est la moitié de l'arc compris entre les côtés, sur la circonférence où est le sommet 25

Tout angle inscrit qui comprend le diamètre est un angle droit.

32. Le *Degré* est la 360me partie de la circonférence ; la *minute* est la 60me partie du degré ; la *seconde* est la 60me partie de la minute.

Un angle vaut autant de fois l'angle d'un degré, qu'il y a de degrés dans son arc d'indication.

Des arcs compris dans le même angle et décrits du sommet, ont le même nombre de degrés, quoique de rayons différens 26

Perpendiculaires.

35. Une *perpendiculaire* est une droite qui fait un angle droit avec une autre ; on dit aussi que les deux droites *sont d'équerre*. 27

Tout point également éloigné des extrémités d'une droite appartient à la perpendiculaire au milieu de cette droite.

42. Une *verticale* est une droite qui se confond avec le fil-à-plomb librement suspendu 30

Une *horizontale* ou ligne de niveau est une droite perpendiculaire sur la verticale.

Une droite est *inclinée* quand elle n'est ni verticale, ni horizontale. 31

Parallèles.

43. Des *parallèles* sont deux droites qui ont partout le même écartement. 32

La distance d'un point à une droite est la longueur de la perpendiculaire abaissée de ce point.

Chaque parallèle est le lieu où se trouvent tous les points situés à la même distance de l'autre.

Deux droites parallèles à une troisième sont parallèles entre elles.

44. Une *transversale* est une droite qui en coupe à la fois plusieurs autres.

Deux *angles correspondans* sont ceux qui se trouvent tous deux au-delà ou en-deçà de deux parallèles et du même côté d'une transversale.

Deux angles correspondans sont égaux.

Deux *angles alternes-internes* sont ceux qui se trouvent placés différemment par rapport à deux parallèles et différemment par rapport à une transversale.

Deux angles alternes-internes sont égaux.

Deux droites sont parallèles quand elles font avec une transversale des angles correspondans égaux ou des angles alternes-internes égaux.

Nᵒˢ.   *Tangentes.*   Pag.

48. Une *tangente* est une droite qui n'a qu'un seul point de
commun avec un cercle. 35

Le *contact* d'une tangente est le point où elle touche le
cercle.

Une droite est tangente quand elle est perpendiculaire à
l'extrémité d'un rayon.

Les tangentes parallèles d'un cercle sont perpendiculaires
aux extrémités d'un même diamètre. 36

52. Les contacts d'une tangente commune à deux cercles sont
sur des rayons parallèles.

Cercles tangens.

53. Deux cercles tangens l'un à l'autre n'ont qu'un seul point
de commun.

Le contact de deux cercles est sur la droite des centres.

Deux cercles se touchent extérieurement quand la distance des centres est la somme des rayons.

Un cercle en touche un autre intérieurement quand il est
moindre et que la distance des centres égale la différence
des rayons.

54. Deux arcs se *raccordent* quand ils sont tangens l'un à
l'autre.

Comparaison des droites.

56. Si des droites sont comprises entre deux circonférences de
même centre et font parties des rayons de la plus grande,
elles sont égales. 38

57. Une *oblique* est une droite qui fait un angle aigu ou obtus
avec une autre qu'elle rencontre.

Deux obliques sont égales quand elles s'écartent également
de la perpendiculaire abaissée de leur point de rencontre.

Les écartemens de deux obliques égales sont égaux.

58. Deux tangentes sont égales quand elles partent du même
point et se terminent aux contacts. 39

60. La perpendiculaire au milieu d'une corde passe par le milieu de l'arc et par le centre. 40

61. La *bisectrice* d'un angle est une droite qui le divise en
deux angles égaux. 41

Les deux perpendiculaires abaissées d'un point quelconque
d'une bisectrice sur les côtés de l'angle, sont de même
longueur.

62. Des *concourantes* sont des droites qui se rencontrent ou
pourraient se rencontrer toutes au même point.

Des concourantes sont divisées de la même manière par
des parallèles.

63. Des parallèles comprises entre parallèles sont égales. . . 42

64. Des parallèles comprises entre deux concourantes se contiennent comme les parties correspondantes d'une quelconque de ces courantes 45

Des parallèles sont divisées de la même manière par des
concourantes.

N os.   Pag.

67. La demi-corde perpendiculaire à un diamètre contient la
    petite partie de ce diamètre autant de fois qu'elle est
    contenue dans la grande. 46

Mesurage des droites.

68. Pour avoir plus sûrement la vraie longueur d'une droite, il
    faut la mesurer au moins 3 fois et prendre la moyenne
    des nombres obtenus. 47

70. Quatre points donnés joints deux à deux par six droites,
    produisent en général trois points de concours dont
    un croisement. 49

    La droite qui passe par ce croisement et l'un des deux
    autres concours, partage en deux parties inégales la
    distance de deux des points donnés.

    Si l'on multiplie la somme de ces deux parties par la plus
    petite et qu'on divise le produit par leur différence, on
    obtient la distance du 3e concours au point donné qui
    termine la plus petite partie.

Plans.

79. Une *face plane* est celle sur laquelle une bonne règle peut
    être appliquée de toute sa longueur dans tous les sens. 54

80. Le *plan* est une face plane illimitée. 55

81. Un *plan vertical* est une face plane sur laquelle on peut
    tracer des verticales.

    Un *plan horizontal* est une face plane sur laquelle on
    peut tracer deux horizontales qui se coupent.

    Un *plan incliné* est une face plane qui n'est ni verticale,
    ni horizontale.

82. Une droite est perpendiculaire sur un plan quand elle l'est
    sur deux droites de ce plan qui se croisent à son *pied.*

    La verticale est perpendiculaire au plan horizontal qu'elle
    rencontre. 56

    La distance d'un point à un plan est la longueur de la
    perpendiculaire abaissée de ce point sur le plan.

83. Une droite et un plan sont parallèles, quand ils comprennent deux parallèles égales.

    Toute horizontale est parallèle à un plan horizontal quelconque.

    Toute verticale est parallèle à un plan vertical quelconque.

84. Une droite est oblique sur un plan, lorsqu'elle n'est ni
    perpendiculaire ni parallèle 57

    La *pente* d'une droite inclinée est la différence des distances d'un plan horizontal à deux points de cette droite
    écartés horizontalement d'une unité de longueur.

85. L'angle d'une oblique et d'un plan est celui qu'elle fait avec
    une droite du plan menée de son pied au pied d'une
    perpendiculaire abaissée d'un de ses points sur le plan. 58

86. L'*intersection* de deux plans qui se coupent est une droite.

87. L'intersection de deux plans verticaux est une verticale.

N^{os}.   Pag.

88. Le *coin* est l'espace illimité que laissent entre eux deux plans qui se rencontrent. 59

L'*indication d'un coin* est la même que celle de l'angle formé par deux droites tracées sur les plans perpendiculairement à l'intersection.

Deux plans sont d'équerre entre eux quand ils forment un coin droit ou quand l'un renferme une perpendiculaire à l'autre.

Tout plan vertical est perpendiculaire au plan horizontal qu'il rencontre.

89. Les *lignes de plus grande pente* d'un plan incliné sont perpendiculaires aux horizontales de ce plan.

91. Le plan vertical qui contient une ligne de plus grande pente est perpendiculaire au plan incliné 60

92. Deux plans sont parallèles quand ils sont partout également écartés. 61

Deux plans horizontaux sont parallèles.

Des parallèles comprises entre des plans parallèles sont égales.

La distance de deux plans parallèles est la longueur d'une perpendiculaire commune.

Triangles.

93. Un *polygone* est une face plane limitée par des droites ; ces droites en sont les *côtés*, et leurs rencontres en forment les *sommets*.

Les *diagonales* d'un polygone sont des droites qui joignent deux sommets séparés par un autre ou plusieurs.

Un *angle saillant* est tourné en dedans du polygone ; un *angle rentrant* est tourné en dehors.

94. Un *triangle* est un polygone à 3 angles et à 3 côtés.

La somme des trois angles d'un triangle donne 180 degrés ou 2 angles droits. 62

98. Le *triangle symétrique* a deux côtés de même longueur ; les deux angles opposés à ces côtés sont égaux. . . 63

100. Le *triangle équilatéral* a ses trois côtés de même longueur et ses trois angles égaux 64

Un *polygone régulier* a tous ses angles égaux et ses côtés de même longueur.

101. Le *triangle rectangle* a un angle droit.

L'*hypothénuse* d'un triangle rectangle est le côté opposé à l'angle droit.

102. Le *quarré* d'un nombre est le produit qu'on obtient en multipliant ce nombre par lui-même 65

La *racine quarrée* d'un nombre est un autre nombre qui, multiplié par lui-même, reproduirait le premier.

L'*extraction de racine* est une opération de calcul qui fait trouver la racine quarrée d'un nombre.

103. Le quarré de l'hypothénuse égale la somme des quarrés des deux autres côtés d'un triangle rectangle.

21

Comparaison des triangles.

104. Des *triangles égaux* se couvrent exactement. 70
Il y a égalité entre deux triangles , 1° quand les côtés
de l'un égalent les côtés de l'autre ;
2° Quand un angle de l'un égale un angle de l'autre et
que les côtés du premier angle ont mêmes longueurs
que ceux du second ;
3°. Quand un côté de l'un a même longueur qu'un côté
de l'autre et que les angles formés par le premier
côté égalent ceux qui sont formés par le second.
105. Deux *triangles équivalens* renferment la même superficie
sans pouvoir se couvrir exactement 71
La *hauteur* d'un triangle est la longueur de la perpendiculaire abaissée d'un sommet sur le côté opposé.
La *base* d'un triangle est le côté sur lequel on abaisse
une perpendiculaire pour prendre la hauteur.
Deux triangles sont équivalens quand la base et la hauteur de l'un égalent la base et la hauteur de l'autre.
107. Un *polygone semblable* à un autre en est la copie
exacte en grand ou en petit 72
Deux *côtés correspondans* sont ceux qui contribuent à
former les mêmes angles dans les polygones semblables.
Deux triangles sont semblables , 1° quand deux angles
du petit sont égaux à deux angles du grand ;
2° Lorsque deux côtés quelconques de même rang se
contiennent comme deux autres côtés de même rang ;
3° Lorsqu'un angle du grand égale un angle du petit et que
les côtés du premier angle contiennent leur correspondant du second le même nombre de fois.
108. Deux polygones semblables se contiennent comme les
quarrés de deux côtés correspondans.
110. *Réduire* un polygone revient à faire des triangles semblables à ceux dont il se compose. 73
Quadrilatères.
Un *quadrilatère* est un polygone de 4 côtés. 74
112. Un *trapèze* est un quadrilatère dont deux côtés sont parallèles. 75
Dans un *trapèze symétrique* les côtés concourans sont
égaux.
113. Un *parallélogramme* est un quadrilatère dont les côtés
opposés sont parallèles ; ses diagonales se coupent par
le milieu.
114. Un *losange* est un parallélogramme dont les quatre côtés
sont égaux ; ses diagonales sont inégales et d'équerre. . 76
115. Un *rectangle* est un parallélogramme dont les angles sont
droits et les côtés contigus inégaux ; ses diagonales sont
égales et se coupent obliquement.
116. Un *carré* est un parallélogramme dont les angles sont

droits et les 4 côtés égaux ; ses diagonales sont égales et
d'équerre. 77

Comparaison des quadrilatères.

119. Deux quadrilatères sont égaux, lorsque les côtés et une
diagonale de l'un égalent les côtés de même rang et
la diagonale correspondante de l'autre. 78

Deux trapèzes sont égaux, lorsque les côtés de l'un
égalent les côtés de mêmes rangs de l'autre. 79

La hauteur d'un parallélogramme est la distance de deux
côtés opposés ; la base est alors l'un de ces côtés.

Deux parallélogrammes sont équivalens, quand il y a
égalité entre les bases et entre les hauteurs.

Deux parallélogrammes qui ont des bases égales, se contiennent comme leurs hauteurs.

Deux parallélogrammes qui ont des hauteurs égales, se
contiennent comme leurs bases.

Deux rectangles sont égaux, quand il y a égalité entre
leurs bases et entre leurs hauteurs.

Deux carrés sont égaux, si le côté de l'un égale le côté
de l'autre.

Mesurage des quadrilatères et des triangles.

120. Les unités de superficie sont des carrés et des rectangles. 80

122. La superficie d'un rectangle égale le produit de la base
par la hauteur.

127. Le mesurage en hectares revient au mesurage en hecto-
mètres carrés. 83

133. La superficie d'un carré égale le quarré numérique du côté. 86

136. La superficie d'un parallélogramme égale le produit de la
base par la hauteur. 87

137. La superficie d'un triangle égale la moitié du produit
de la base par la hauteur 88

138. La superficie d'un triangle égale aussi la racine quarrée du
produit fait avec la demi-somme des côtés et les diffé-
rences de chaque côté à cette demi-somme.

Polygones réguliers.

140. La somme des angles intérieurs de tout polygone vaut 180ᵘ
multipliés par le nombre des côtés diminué de 2. . . 90

141. Un *pentagone* est un polygone de 5 côtés. 91

Un *polygone inscrit* a tous ses sommets sur une circonférence.

Le centre d'un polygone régulier est celui de la circonférence où il peut être inscrit.

L'*angle au centre* d'un polygone régulier est formé par
des rayons menés à deux sommets voisins.

L'indication de l'angle au centre est le quotient de 360°
divisés par le nombre des côtés du polygone.

143. L'*hexagone* est un polygone de 6 côtés. . . . . . . 92.

Le côté de l'hexagone régulier égale le rayon.

144. L'*octogone* est un polygone de 8 côtés.

N⁰ˢ.   **Pag.**

145. Le *décagone* est un polygone de 10 côtés. 93
146. Le *dodécagone* est un polygone de 12 côtés.
147. Le *pentédécagone* est un polygone de 15 côtés.
149. Une *circonférence circonscrite* à un polygone passe
    par tous les sommets. 94
    Un *cercle inscrit* à un polygone régulier est tangent au
    milieu de chaque côté.
    Un *polygone circonscrit* à un cercle a tous ses côtés
    tangens.

Comparaison des polygones.

150. Deux polygones quelconques sont égaux, quand les
    côtés de l'un et les diagonales tirées d'un même som-
    met égalent les côtés correspondans et les diagonales
    correspondantes de l'autre.
151. Deux polygones réguliers sont égaux, lorsqu'ils portent
    le même nom et que le côté de l'un égale le côté
    de l'autre.
152. Deux polygones sont *semblables*, quand le petit est
    composé de triangles semblables à ceux du grand et
    placés dans le même ordre. 95
    Deux polygones réguliers de même nom sont semblables.
153. *Lever* le plan d'un terrain revient à faire des triangles
    semblables à ceux qui s'y trouvent figurés.
    Orienter un plan c'est y tracer la méridienne du terrain. 98
154. *Faire un nivellement* c'est prendre les hauteurs des
    points remarquables d'un terrain au-dessus d'un
    point déterminé. 99

Mesurage des polygones et du cercle.

155. La superficie d'un polygone régulier égale la moitié
    du produit de son contour par le rayon du cercle
    inscrit. 100
156. La superficie d'un cercle égale le quarré numérique
    du rayon par 3,1416. 101
157. Un *secteur* de cercle est formé par deux rayons et
    l'arc qui les sépare 102
    La superficie d'un secteur égale la moitié du produit
    de l'arc par le rayon.
158. Un *segment* de cercle est formé par un arc et la corde. 103
    La superficie d'un segment égale la superficie du secteur
    de même arc, moins celle du triangle formé par la
    corde et les rayons.
159. La superficie d'un polygone égale la somme des triangles
    et des trapèzes qu'on y peut figurer.
161. Un terrain en pente doit être arpenté horizontalement. 105
162. *Partager* un terrain consiste en général à y tracer des
    triangles égaux aux moitiés des portions 106

Dessin des corps.

164. Le *dessin complet* d'un corps se compose du plan et
    de l'élévation. 109

N°.   Pag.

164. Le *plan* d'un corps est l'ensemble des pieds des perpendiculaires abaissées des divers points du corps sur un plan horizontal. 110

165. L'*élévation* d'un corps est l'ensemble des pieds des perpendiculaires abaissées des divers points du corps sur un plan vertical.

166. La *ligne de terre* d'un dessin sépare le plan de l'élévation ; elle représente l'intersection du plan horizontal et du plan vertical. 111

Surfaces courbes.

169. Une *face courbe* ne peut être touchée dans tous les sens, par tous les points d'une règle. 113

La *surface courbe* d'un corps est une face courbe qui n'est interrompue par aucune face plane.

Une surface courbe *réglée* peut être touchée dans quelques sens seulement, par tous les points d'une règle.

Surfaces cylindriques.

170. La *surface cylindrique* est une surface courbe réglée selon des parallèles. 114

Un cylindre est un corps terminé par une surface cylindrique et deux faces planes.

Un *cylindre complet* a deux faces planes parallèles ; ces faces en sont les bases.

Les droites de la surface courbe d'un cylindre complet sont toutes de même longueur.

Un *cylindre tronqué* a deux faces planes non parallèles ; l'une en est la base et l'autre la *troncature*.

Un *cylindre circulaire* a un cercle pour base.

Un *cylindre oblong* a pour base une courbe fermée non circulaire.

Un *cylindre droit* a sa base d'équerre sur les droites de sa surface ; le cylindre est *oblique* dans le cas contraire.

Un *manchon cylindrique* est un cylindre évidé en cylindre.

L'*axe* d'un cylindre est la droite qui joint les centres des deux faces planes.

172. La surface courbe d'un cylindre complet égale le produit du contour de la base par la longueur . . . 115

173. La *surface totale* d'un cylindre égale la somme de la surface courbe et des deux faces planes.

175. La surface courbe d'un cylindre tronqué égale le produit du contour de la base par la moyenne des droites de la surface. 116

178. La surface totale d'un manchon cylindrique égale la somme des deux surfaces cylindriques et des deux bandes circulaires qui forment les bases. 117

Surfaces coniques.

179. La *surface conique* est une surface courbe réglée selon des concourantes 118

Un *cône* est un corps terminé par une surface conique et une face plane qui en est la base.

Un *cône complet* renferme le point de concours des droites de la surface courbe ; le cône est tronqué dans le cas contraire.

Un *cône circulaire* a un cercle pour base.

Un *cône oblong* a pour base une courbe fermée non circulaire.

Le *sommet* d'un cône est le point de concours des droites de la surface courbe,

Un *manchon conique* est un cône tronqué évidé en cône.

L'*axe* d'un cône est la droite qui joint le sommet au centre de la base.

Un *cône droit* a sa base d'équerre sur son axe ; le cône est *oblique* dans le cas contraire.

Les droites de la surface courbe d'un cône droit et circulaire sont toutes de même longueur.

181. La surface courbe d'un cône droit, circulaire et complet égale la moitié du produit du contour de la base par une droite de cette surface. 119

182. Le cône tronqué ou *tronc de cône* a deux bases, quand ses faces planes sont parallèles.

Les droites de la surface courbe d'un tronc de cône droit et circulaire, à bases parallèles, sont toutes de même longueur.

183. La surface courbe d'un tronc de cône droit et circulaire, à bases parallèles, égale la moitié du produit fait avec la somme des contours des bases et une droite de cette surface 120

Surfaces sphériques.

186. La *surface sphérique* est une surface courbe non réglée ; tous ses points sont également distants d'un autre qui est le *centre*. 121

Une *sphère* est un corps terminé de toute part par la surface sphérique.

Les *rayons* d'une sphère sont des droites qui vont du centre à la surface courbe ; ils sont tous égaux.

Les *diamètres* d'une sphère sont des droites qui joignent chacune deux points de la surface courbe, en passant par le centre ; ils sont tous égaux.

Le diamètre d'une sphère est double du rayon.

188. Une surface sphérique égale le produit de 3,1416 par le quarré numérique du diamètre.

189. Une *calotte sphérique* est une portion de sphère terminée par un cercle qui en forme la base. 122

189. La hauteur d'une calotte sphérique est la plus grande distance de la face courbe à la base. 122

La face courbe d'une calotte sphérique égale le produit fait avec le diamètre de la sphère, le nombre 3,1416 et la hauteur.

190. Une zône sphérique est une portion de sphère terminée par deux cercles parallèles qui en sont les bases.

La hauteur d'une zône est la distance de ses bases.

La face courbe d'une zône se mesure comme celle d'une calotte.

Surfaces annulaires.

191. Les surfaces courbes des anneaux ronds sont des *surfaces annulaires*.

192. La surface courbe d'un anneau rond égale le produit fait avec la demi-somme du plus grand diamètre et du diamètre du vide, la demi-différence de ces longueurs et le quarré de 3,1416. 123

Surfaces courbes circulaires.

193. Une *surface courbe circulaire* peut être coupée selon des circonférences, par des plans parallèles.

Une surface courbe circulaire égale la somme de celles des troncs de cône à bases parallèles dont se compose le corps. 124

Polyèdres.

194. Un *polyèdre* est un corps dont toutes les faces sont planes.

Un *prisme* est un polyèdre dans lequel toutes les arêtes limitées à une même face, sont parallèles ; cette face en est la base.

Une *pyramide* est un polyèdre dans lequel toutes les arêtes limitées à une même face sont concourantes ; cette face en est la base.

Prismes.

195. Un *prisme complet* a deux bases parallèles, et ses arêtes parallèles sont égales ; dans le cas contraire le prisme est *tronqué*. 125

Un prisme est *droit* ou *oblique* selon que les arêtes parallèles sont perpendiculaires ou obliques sur la base.

Les *faces latérales* d'un prisme sont toutes celles qui vont d'une base à l'autre.

La *hauteur* d'un prisme est la perpendiculaire abaissée d'un point de la base supérieure sur la base inférieure.

La *longueur* d'un prisme égale celle d'une des arêtes parallèles.

On distingue les prismes par les noms des polygones qui forment bases.

N⁰ˢ.   Pag.

195. Un *parallélipipède* est un prisme qui a pour base un
      parallélogramme. 125

Un *prisme rectangle* est droit et a pour base un rectangle.

Un *prisme carré* est droit et a pour base un carré.

Un *cube* est un parallélipipède dont les six faces sont des
carrés.

Comparaison des prismes.

199. Le *volume* d'un corps est l'espace plein renfermé entre
      toutes les faces. 127

La *capacité* d'un corps creux est l'espace vide renfermé entre les parois.

La capacité se mesure comme le volume.

200. Deux prismes sont équivalens en volume quand il y a
      équivalence entre les bases et égalité entre les hauteurs.

Deux prismes de même hauteur se contiennent comme
leurs bases.

Deux prismes qui ont des bases équivalentes se contiennent comme leurs hauteurs.

201. Deux prismes sont égaux, quand les arêtes, les faces
      et les coins de l'un sont de même grandeur que les
      parties correspondantes de l'autre. 128

Mesurage des prismes.

La *surface totale* d'un prisme égale la somme des bases
et des faces latérales.

202. Les unités de volume ou de capacité sont des cubes et
      des prismes carrés.

204. Le volume d'un prisme rectangle égale le produit fait
      avec sa hauteur, sa largeur et son épaisseur. . . . 129

208. Jauger un vase en litres revient à le mesurer en déci-
      mètres cubes. 131

210. Cuber le bois en stères revient à le mesurer en mètres
      cubes.

214. Corder du bois de chauffage revient en général à me-
      surer une superficie. 133

215. Le *cube* d'un nombre est le produit fait avec ce nom-
      bre employé 3 fois.

Le volume d'un cube égale le cube numérique de l'arête.

216. Le volume d'un prisme quelconque égale le produit de
      la superficie de la base par la hauteur. 134

217. Le cordage d'une pile de bois de chauffage haute de 4
      pieds, revient au mesurage d'une longueur.

218. Le volume d'un tronc de prisme triangulaire et droit
      égale le produit de la superficie de la base par la
      moyenne des arêtes parallèles. 135

219. Le volume d'un tronc de parallélipipède droit se mesure
      comme le tronc de prisme triangulaire et droit.

Pyramides.

220. Les *faces latérales* de la pyramide vont de la base au
      sommet ; ce sont des triangles. 136

Nᵒˢ.   Pag.

220. Le *sommet* d'une pyramide est le point de rencontre
    de toutes les arêtes concourantes.. 136

La *hauteur* d'une pyramide est la perpendiculaire abais-
    sée du sommet sur le plan de la base.

Une pyramide est *complète*, si elle contient le sommet ;
    elle est tronquée dans le cas contraire.

L'*axe* d'une pyramide est la droite qui joint le sommet au
    centre de la base, quand ce polygone a un centre.

Une *pyramide régulière* a pour base un polygone ré-
    gulier, et son axe est perpendiculaire à cette base.

Toutes les arêtes concourantes d'une pyramide régu-
    lière sont égales.

On distingue les pyramides par les noms des polygones
    de leurs bases.

223. La pyramide tronquée ou le tronc de pyramide a deux
    bases, quand la troncature est parallèle à la base. 137

Comparaison des pyramides.

224. Deux pyramides triangulaires sont égales, 1° quand
    leurs arêtes correspondantes ont mêmes longueurs ;
    2° quand trois faces de l'une sont égales à trois
    faces de l'autre.

Deux pyramides régulières sont égales, lorsqu'il y a
    égalité entre les bases et entre les arêtes concourantes.

Deux pyramides irrégulières sont égales, s'il y a égalité
    entre leurs bases et si 3 arêtes concourantes qui se
    suivent ont dans l'une mêmes longueurs que dans
    l'autre. 138

225. Une pyramide triangulaire est le tiers d'un prisme de
    même base et de même hauteur.

Mesurage des pyramides.

226. La *surface totale* d'une pyramide égale la somme des
    faces latérales et de la base.

228. Le volume d'une pyramide égale le tiers du produit de
    la superficie de la base par la hauteur.

229. Le volume d'un tronc de pyramide, à bases parallèles,
    égale le tiers du produit fait avec la hauteur et la
    somme des deux bases ajoutées à la racine quarrée
    de leur produit 139

Comparaison et mesurage des corps ronds.

230. Deux cylindres ou deux cônes se contiennent comme
    leurs bases, s'ils ont même hauteur, et comme leurs
    hauteurs, si les bases sont équivalentes 140

231. Le volume d'un cylindre quelconque égale le produit
    de sa base par sa hauteur.

232. Le volume d'un tronc de cylindre droit qui a un axe,
    égale le produit de la base par la moyenne des
    droites de la surface courbe.

Nᵒˢ.   Pag.

233. Le volume des parois d'un manchon cylindrique égale
l'excès du grand cylindre sur le petit. 141

234. Le volume d'un cône quelconque égale le tiers du produit de sa base par sa hauteur.

235. Le volume d'un tronc de cône droit, à bases parallèles,
se calcule comme celui du tronc de pyramide.

236. Le volume des parois d'un manchon conique égale
l'excés du grand tronc de cône sur le petit . . . 142

237. Le volume d'une sphère égale le sixième du produit
fait avec le cube numérique du diamètre et le nombre
3,1416.

238. Deux sphères se contiennent comme les cubes numériques de leurs rayons ou de leurs diamètres . . . 143

239. Le calcul du volume d'une calotte ou d'une zone sphérique revient à celui des volumes d'un cylindre et
d'une sphère.

241. Le volume d'un anneau rond égale le quart du produit
fait avec la somme des deux rayons, le quarré de leur
différence et le quarré de 3,1416.

242. Le jaugeage d'un tonneau peut se faire comme celui d'un
tronc de cône droit à bases parallèles 144

Dessin et mesurage de corps quelconques.

243. *Lever* un corps, c'est en faire le dessin complet.
Le plan d'un corps sans nom géométrique doit présenter
les contours formés par des plans horizontaux qui
couperaient ce corps.
L'élévation d'un tel corps se déduit du plan. . . . 146

244. Le volume d'un corps quelconque égale la somme de
tous les prismes droits, triangulaires ou rectangles,
complets ou tronqués que fournit le dessin de ce corps.

Mesurage des poids.

245. Le *poids spécifique* d'un corps est celui de l'unité de
volume. 148

246. Le poids d'un corps égale le produit du poids spécifique
par le volume. 149

Lever d'un bâtiment.

247. Lever un bâtiment revient à dessiner, d'après une échelle,
des triangles semblables à des triangles mesurés.
Le plan d'un bâtiment se compose du plan des caves,
de celui du rez-de-chaussée, et de celui de chaque
étage.
Une *coupe verticale* est le dessin de ce qu'on verrait
dans l'intérieur d'un bâtiment, si une portion, coupée par un plan vertical, venait à être enlevée. . . 152
L'élévation d'un bâtiment montre la façade principale. 154

FIN.

FAUTES ET OMISSIONS.

Ce livre a été rédigé et imprimé à la hâte , en deux mois , pour fournir à quatre-vingt-treize instituteurs primaires réunis à Metz par les soins de M. le Préfet et de M. le Recteur , le texte des trois leçons de Géométrie qu'ils recevaient chaque semaine. C'était seulement ainsi qu'on pouvait rendre facile et même possible l'exécution des tracés et des calculs qu'ils avaient à faire comme applications des principes.

L'auteur doit donc compter sur quelque indulgence pour les fautes de rédaction ou d'impression qui ont pu lui échapper. Rédiger, imprimer, expliquer et développer seize pages *in-octavo* par semaine , en même tems que l'on corrigeait minutieusement environ 250 feuilles de dessins et de calculs , était une tâche qui exigeait beaucoup trop de rapidité pour que les détails en fussent parfaitement soignés.

Au reste , ce Cours de Géométrie pratique n'est ni une œuvre d'amour-propre , ni une œuvre de spéculation. Le seul but de l'auteur a été de se rendre utile à son pays , en propageant les connaissances géométriques jusqu'au peuple des campagnes ; et ce but , on jugera peut-être qu'il est atteint , quand on saura que de tous les instituteurs accourus des divers points du département de la Moselle , aux cours normaux et gratuits de cet été , la moitié se trouvent capables , au bout d'une trentaine de leçons , d'enseigner avec succès la Géométrie , et que peu d'efforts suffiront aux autres pour les égaler bientôt.

Parmi les corrections dont l'ouvrage est susceptible , nous signalerons seulement les plus importantes , et nous engagerons les maîtres et les élèves à les faire avant toute étude , ou du moins à marquer d'un signe les paragraphes qu'elles concernent.

Pages	Lignes	
35	26.	vous devriez joindre — *lisez* : vous devriez abaisser du centre une perpendiculaire , ou joindre
56	44.	aux plans — *lisez :* au plan

Pages	Lignes	
119	12.	droit et complet. — *lisez* : droit, circulaire et complet.
120	8.	droit à bases — *lisez* : droit et circulaire à bases
125	30.	*Après le mot* rectangle, *ajoutez* : et qu'il est droit
125	31.	*Après le mot* carrés, *ajoutez* : et qu'il est droit
141	5.	*Ajoutez* : Mais, observez bien que ce cubage convient seulement au cas où la troncature, le cylindre étant vertical, peut être partagée en deux parties égales perpendiculairement à sa ligne de plus grande pente (90) ; alors la moyenne de toutes les droites égale celle de la plus grande et de la plus petite. Dans tout autre cas, il faut faire le dessin complet du tronc de cylindre droit, en lui donnant un trapèze pour plan, et procéder comme dans le n° 244.

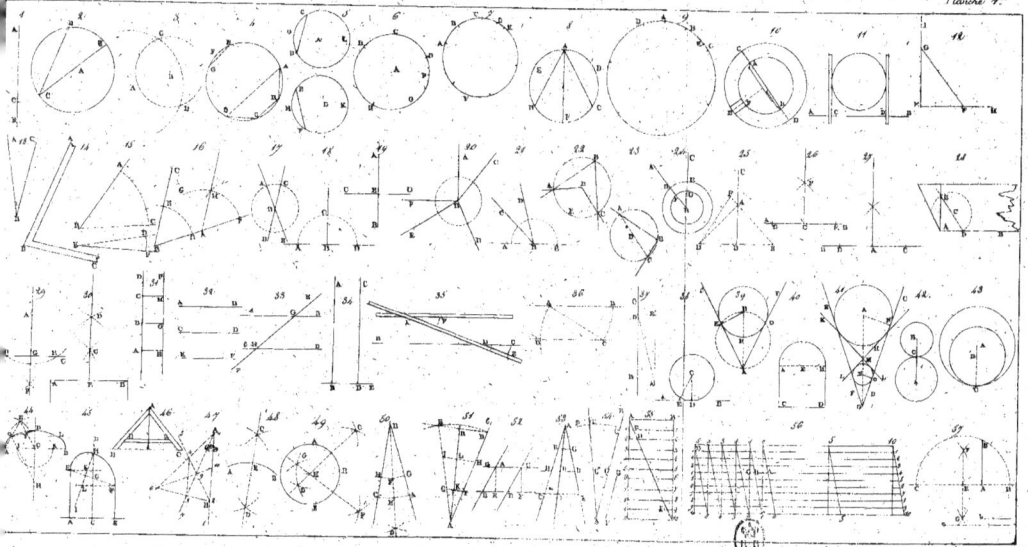

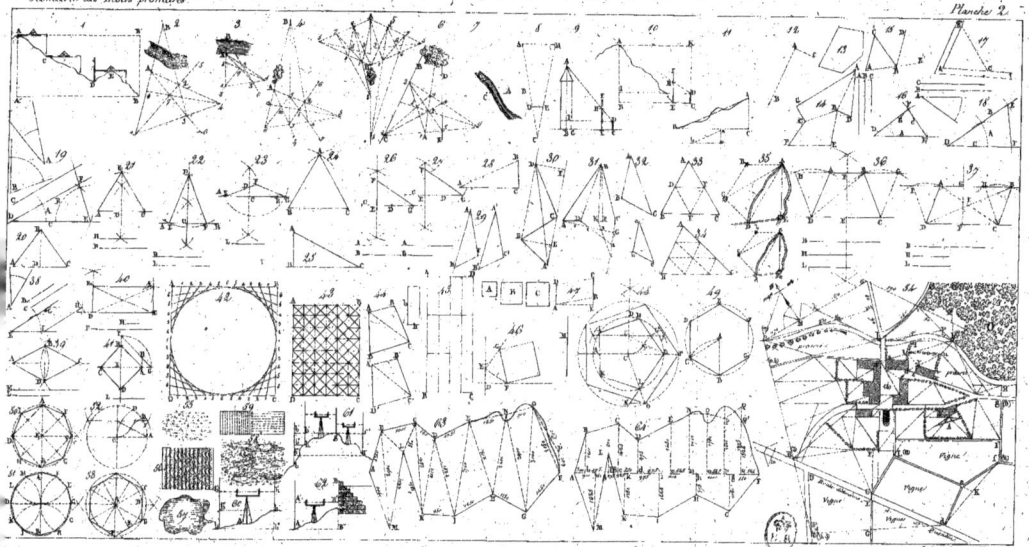

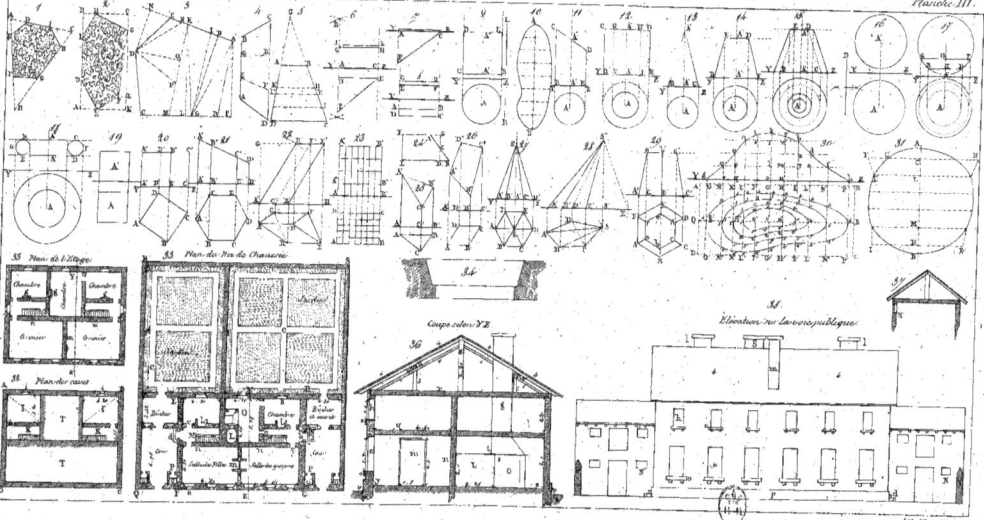

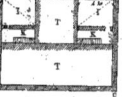

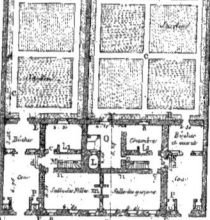

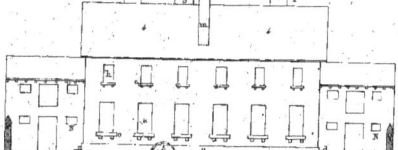

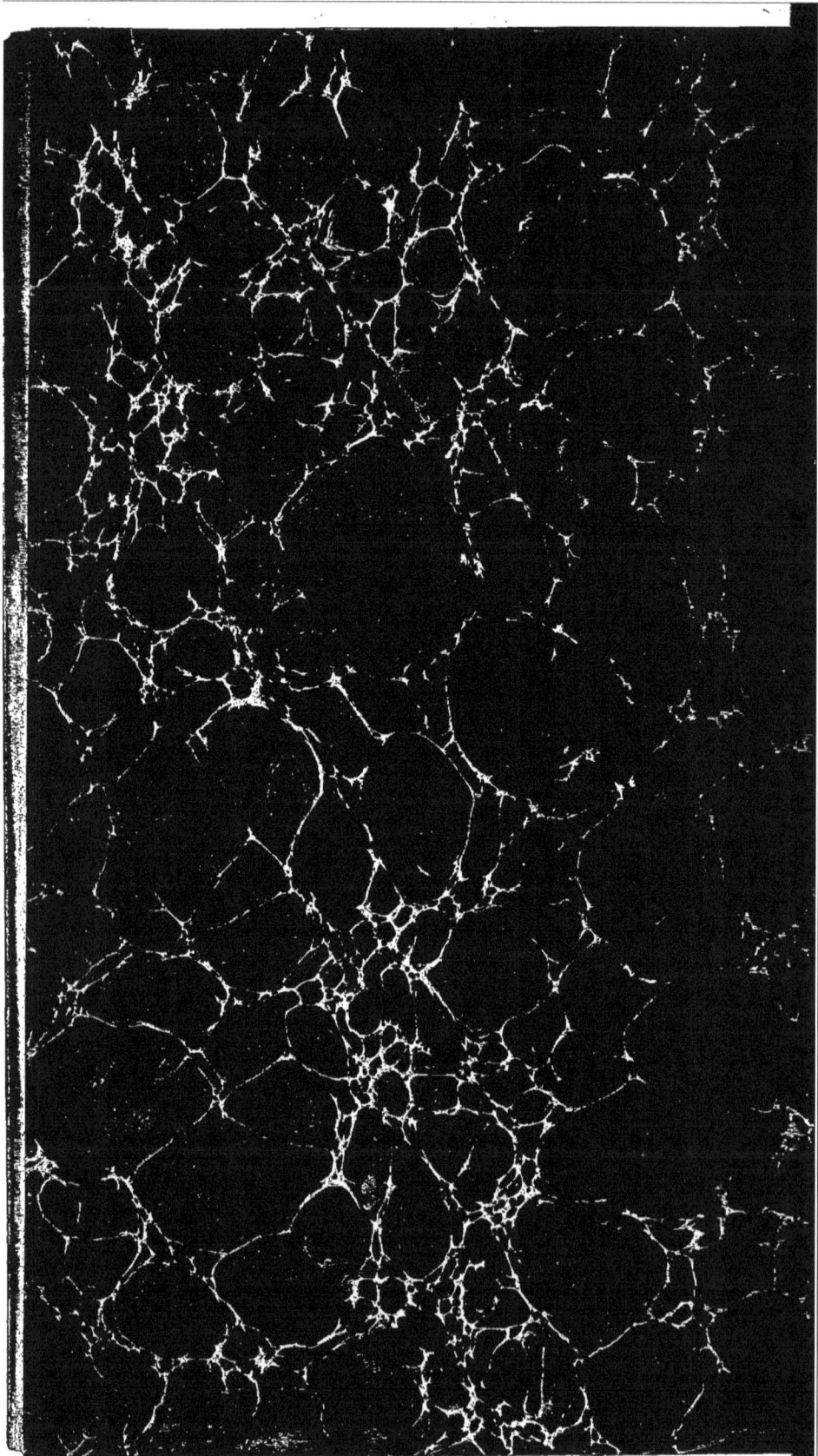

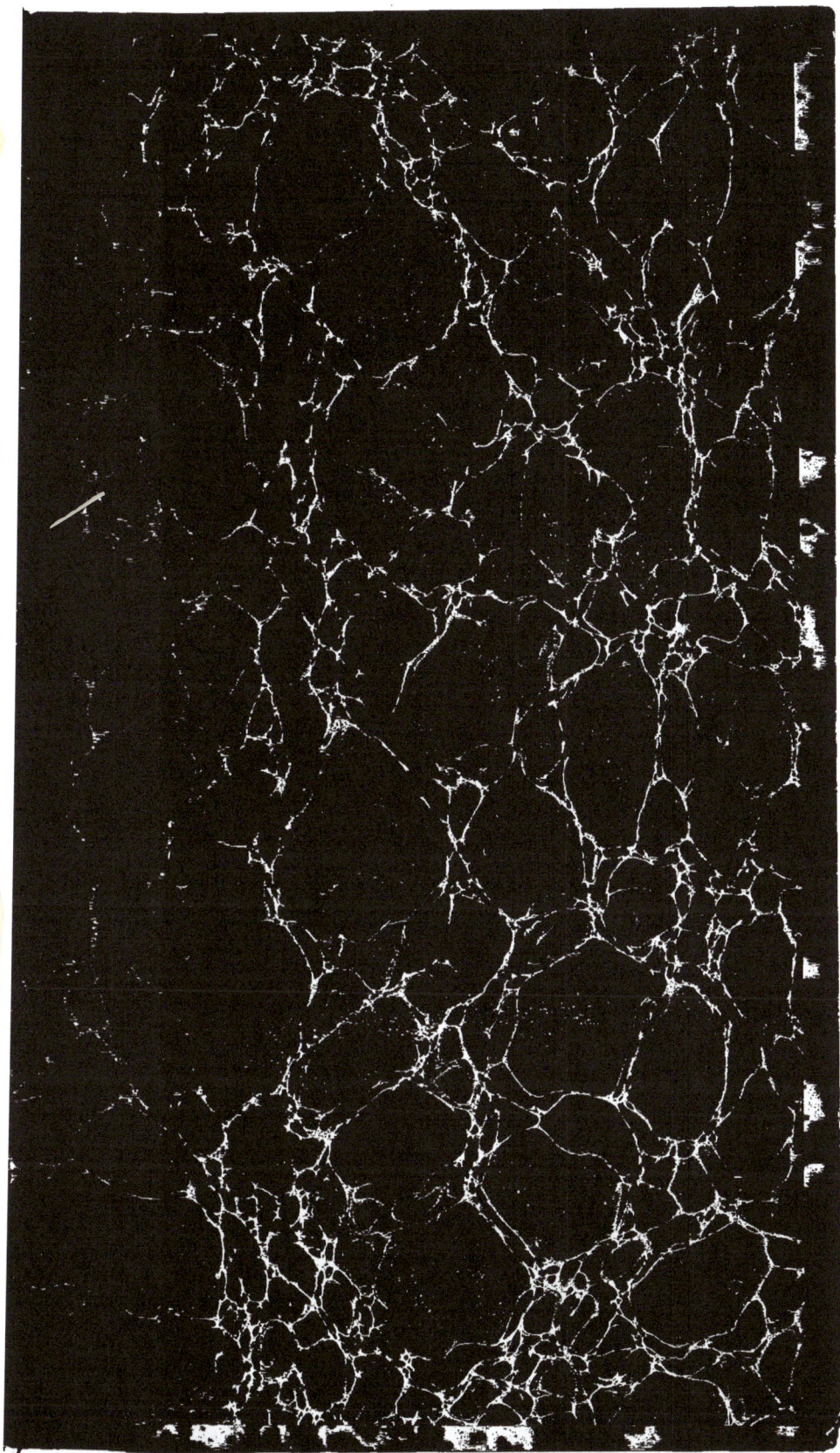

* 9 7 8 2 0 1 9 5 4 8 1 8 6 *